农村百事通丛书

U0796468

# 特色养殖

TESE YANGZHI

主　编　徐　健

副主编　谢思和

编　委　田　玲　刘本福　徐　健　刘丽婷

黄　萌　谢思和　赖韩霏

江西科学技术出版社

**图书在版编目(CIP)数据**

特色养殖 / 徐健主编. —南昌：江西科学技术出版社，2015.6
（农村百事通丛书）
ISBN 978-7-5390-5312-7
Ⅰ.①特… Ⅱ.①徐… Ⅲ.①养殖 Ⅳ.①S8
中国版本图书馆CIP数据核字(2015)第131310号

国际互联网(Internet)地址：
**http://www.jxkjcbs.com**
选题序号：**KX**2014102
图书代码：**D15025-101**

**特色养植** **徐 健 主编**

---

**出版发行** 江西科学技术出版社
**社址** 南昌市蓼洲街2号附1号
邮编：330009 电话：(0791)86623491 86639342(传真)
**印刷** 南昌市红星印刷有限公司
**经销** 各地新华书店
**开本** 850 mm × 1168 mm 1/32
**字数** 165千字
**印张** 7.375
**版次** 2015年8月第1版 2015年8月第1次印刷
**书号** ISBN 978-7-5390-5312-7
**定价** 16.00元

---

赣版权登字-03-2015-80

# 前 言

知识改变命运，行动成就梦想。养成良好的阅读习惯就等于建好了知识高台的地基，选择合适的书籍就像登上了迈入知识殿堂的阶梯。在信息化时代，阅读内容大爆发，如何将自己有限的精力放到有效阅读上，是许多人经常思考的问题。

《农村百事通》作为在全国有广泛影响的著名刊物，该为“新农人”提供什么样的读物呢？我们想来想去，觉得还是编一套实用的“农村百事通丛书”最好了。都说《农村百事通》是一座知识大宝库，在这座宝库里选些什么内容呢？这着实花了我们不少心思。经过编辑们的谋划，我们最后选择将最近几年在《农村百事通》上刊登的获得读者广泛好评的内容精选出来，汇编成了《特色种植》《特色养殖》《百路财源》《法系百家》《百病妙治》等实用图书。这套丛书既是一个组合，每本又自成体系，五本丛书的内容基本包括了农村会遇到的实际问题和想寻求的应对办法，可谓丛书在手，生产生活无忧。

这套丛书内容广泛、通俗易读、信息量大、实用性强，特别适合农村干部、农业技术推广者、种植养殖从业者、法律工作者和普通农家阅读。

编者

2015.8.6

# 前言

# 目录

## 品种篇

## 技术篇

## 疾病防治篇

# 品种篇

PINGZHONG PIAN

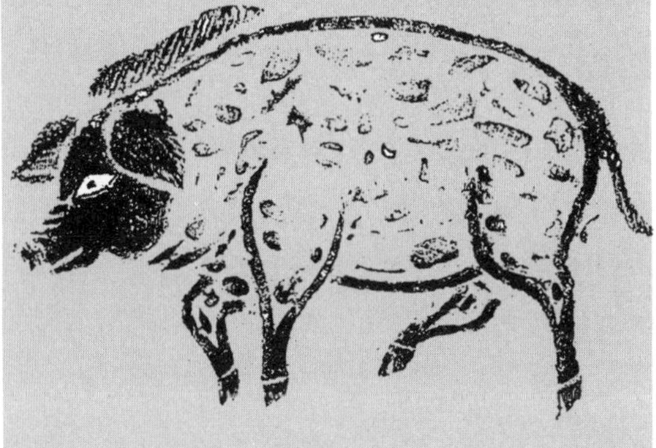

# 地方猪良种——东山猪

东山猪是湖南省著名的地方良种猪，原产该省邵阳市所辖绥宁县的东山和相邻怀化（即黔阳）市所辖溆浦县的龙潭和新晃县的凉伞等地，因中心产区在绥宁县东山，故称为东山猪。由于猪的体型外貌和生产性能相似，其毛色均为黑白色，故又称为黔（怀化）邵（邵阳）花猪。这种猪的来源，根据有关史料考证：早在明朝时，由江西省移民迁入绥宁县东山等地，带来外地猪种（黑猪）与本地猪种杂交，经过劳动人民长期选育繁殖而成。

东山猪具有适应性广、抗逆力强、发病少、耐粗料、能粗养、长得快、屠宰率和瘦肉率比较高以及肉的品质优良等特点。这种猪所产仔猪，除供应本省（湖南）外，还远销江西、贵州、广西等省（区），均生长良好，深受当地广大养殖户的好评。

东山猪属于肉脂兼用型猪种，体型中等，体质结实，头部窄长，嘴鼻长而直，额面皱纹少而浅，双耳向两侧斜垂，背腰平直，腹部较大，母猪乳房发达，一般有13~15个乳头，性成熟早，3~4月龄便能发情，公猪出生后，2月龄时便开始有性欲进行交配。每窝产崽一般10头左右，如用湖南省宁乡公猪（良种猪）与东山猪杂交，其产崽率能提高到窝平均12~14头，断奶仔猪个体重平均为10公斤左右，育成率达97%~98%。在目前农村饲养条件下，肥猪喂养期一般为180天左右，出栏平均体重在90公斤以上，其屠宰率为74%、酮体瘦肉率为50%、肥肉率为35%，可获得很好的经济效益和社会效益。（湖南　袁仕英）

# 推荐三个国外引进的特色良种猪

## 一、苏白猪

苏白猪是兼用型品种，体格大，体质健壮，适应性强，产崽多，生长快，杂交效果好。在营养水平较低的条件下，比其他引入品种如长白、约克夏、巴克夏等日增重可提高10%~15%。苏白猪既是一个优良的父本品种，又是一个优良的母本品种。

1.繁殖性能。该品种公猪4月龄、母猪6~7月龄时性成熟，一般在8~10月龄、母猪体重90~100公斤和公猪100~120公斤时初配。母猪发情周期平均为19天，发情持续期2~5天，妊娠期114天，产后第一次发情多在45~60天。母猪适宜的繁殖利用年限2~5龄，公猪2~3龄。据对经产母猪（1393窝）的统计，平均产崽数12.26头，20天泌乳力49.15公斤，60日龄断乳窝重127.8公斤，断乳仔猪个体重14.96公斤。

2.肥育性能。苏白猪在一般饲养条件下，肥育期的日增重在500克以上，高者597克。每公斤增重耗混合精料3.01~4公斤。屠宰适期6~8月龄。据测定，肥育猪平均体重95.62公斤，屠宰率73.55%，第6~7肋间膘厚4.22厘米，胴体长79.94厘米，眼肌面积30.06平方厘米，腿臀比例28.01%，瘦肉率49.25%。

## 二、大约克夏猪

大约克夏猪，又叫大白猪，于18世纪在英国育成，是世界著名的瘦肉型猪种。引入我国后，经过多年培育驯化，已有较好的适应性。在杂交配套生产体系中主要用作母系，也可用作父系。大约克夏猪具有生长快、饲料利用率高、产崽较多、胴体瘦肉率高等特点。

1.体型特征。大约克夏猪体格大，体型匀称，耳直立，鼻直，背腰微弓，四肢、头颈较长，脸微凹，体躯长，全身被毛白色，故称大白猪。成年公猪体重250~300公斤，成年母猪体重230~250公斤。

2.生产性能。该品种增重速度快，省饲料，出生6月龄体重可以达到100公斤。营养良好，自由采食的条件下，日增重可达700克左右。每公斤增重消耗配合饲料3公斤左右。体重90公斤时屠宰率71%~73%，瘦肉率60%~65%。

大约克夏经产母猪产崽数11头，乳头7对以上，8.5~10月龄开始配种。

**三、杜洛克猪**

杜洛克猪原产于美国东部的新泽西州和纽约州等地。国内先后由美国、加拿大、匈牙利、日本和中国台湾等国家和地区引入该猪，现已遍及全国。杜洛克最大特点是身体健壮、强悍，耐粗饲性能强，是一个极富生命力的品种。并且生长快，饲料利用率高。该品种的缺点是繁殖力不太高，母性差，胴体产肉量稍低，肌肉间脂肪含量偏高。

1.体形外貌。该品种全身被毛呈棕红色，体躯高大，粗壮结实，全身肌肉丰满平滑，后躯肌肉特别发达，头较小，颜面微凹，鼻长直，耳中等大小、向前倾，耳尖稍弯曲，胸宽而深，背腰略呈拱形，腹线平直，四肢强健，蹄黑色。

2.生产性能。杜洛克是生长发育最快的猪种，肥育期平均日增重750克以上，料肉比（2.5~3.0）：1。胴体瘦肉率在60%以上，屠宰率为75%，成年公猪体重为340~450公斤，母猪300~390公斤。初产母猪产崽9头左右，经产母猪产崽10头左右。母性较强，育成率高。

3.杂交效果。由于杜洛克猪具有增重快、饲料报酬高（料肉比为（2.8~3.2）：1）、胴体品质好、眼肌面积大、瘦肉率高等优点，而在繁殖性能方面较差些，因此在与其他猪种杂交时经常作为父本，以达到增产瘦肉和提高产崽数的目的。（中国农科院畜牧研究所　关伟军）

## 著名地方优良猪种——金华猪

**1.产地分布。**金华猪是中国著名地方优良品种，其头部和尾部为黑皮黑毛，故又称两头乌。它产于浙江省金华地区的义乌、东阳和金华三个县，现已推广到浙江全省20多个市、县和省外部分地区。种猪数量，据产区3个县统计有5万多头。

**2.外形特征。**金华猪体型中等偏小，毛色遗传性比较稳定，毛色除头颈和臀部、尾巴为黑色外，其余均为白色，故有“两头乌”之称。在黑白交界处有黑皮白毛的“晕带”。耳中等大小、下垂，额上有皱纹，颈粗短，背微凹，腹大微下垂，臀较倾斜，四肢较短，蹄坚实，皮薄毛稀。乳头多为7~8对。

金华猪按头型可分为“寿字头”和“老鼠头”两种类型。“寿字头”型猪分布于金华和义乌等地，个体较大，生长较快，头短，额部有粗深皱纹，背稍宽，四肢较粗壮。“老鼠头”型猪分布在东阳等地，个体较小，头长，额部皱纹较浅或无皱纹，背较窄，四肢高而细。

**3.主要优点。**金华猪以皮薄、骨细、肉质好，肌肉颜色鲜红、吸水力强、细嫩多汁、富含肌肉脂肪，适宜腌制火腿和腊肉而著称。金华猪的鲜腿重6~7公斤，皮薄，肉嫩，骨细，肥瘦比例恰当，瘦中夹肥，五花明显，以它为原料制作的金华火腿，是中国著名的传统熏腊制品，为火腿中的上品。这种火腿皮色黄亮，肉红似火，香烈而清醇，咸淡适口，色、香、味、形俱佳，且便于携带和储藏，畅销国内外。

**4.繁殖性能**。金华猪具有性成熟早，繁殖力强，繁殖年限长，优良母猪高产性能可持续8~9年，乳头数多、泌乳力强、性情温驯、母性好和产崽多等优良特性。经产母猪每窝产崽14.22±0.31头，仔猪育成率高达94%。小猪在70~80日龄开始发情，105日龄左右达到性成熟，6月龄即可配种生产。适应性好，耐寒耐热性强，耐粗饲。

金华猪在每公斤配合饲料含消化能12.56兆焦、粗蛋白质14%和精、青料比例1∶1的营养条件下，在体重17~76公斤阶段，平均饲养期127天，日增重464克，每公斤增重耗消化能51.41兆焦，可消化粗蛋白质425克，75公斤体重屠宰，屠宰率72.55%，瘦肉率43.36%。

**5.开发利用**。以金华猪作母本的二元杂交能明显地提高肥育猪增重速度，降低饲料消耗。尤其是大约克×金华猪、汉普夏×金华猪、杜洛克×金华猪、长白猪×金华猪的杂种后代日增重提高25.71%~38.25%，饲料消耗减少10.3%~13.06%，瘦肉率提高5.93%~8.90%。长白猪×苏白猪×金华猪，大约克×苏白猪×金华猪三元杂种猪的效果优于二元杂交，日增重分别达614克和698克，瘦肉率比纯种金华猪提高5%~9%。特别是与长白猪杂交的后代提供母本（长金猪），杂交优势更为明显。（浙江　陈昂）

# 裘皮用珍稀绵羊良种——滩羊

**1.产地与分布**。滩羊是在特定的生态环境下，经过长期的自然选择和人工选育成的地方良种，是世界上极其珍稀的裘皮用绵羊品种，被农业部列为国家二级保护品种。滩羊主要产于宁夏中部的香山与大、小罗山山地丘陵及贺兰山东麓地区，还包括甘肃、内蒙古、陕西与宁夏毗邻的地区。

**2.品种特征**。滩羊属轻裘用型，综合品质优良，肉质好，遗传性能稳定，抗逆性强，对荒漠、半荒漠草原有很强的适应能力。其裘皮性状，特别是二毛裘皮的主要经济性状（如毛股弯曲数、毛丛结构、花穗类型等）的生态选择性很强，生态幅度狭窄。

**3.体型外貌**。白滩羊体格中等，体质结实。鼻梁稍隆起，耳有大、中、小三种，公羊有大角者居多，角呈螺旋形向外伸展，母羊一般有角基或有小角。背腰平直，胸较深，四肢端正，蹄质坚实。属长脂尾羊，尾根宽阔，尾尖细而圆，尾呈长三角形，下垂过飞节。体躯毛色纯白，毛股明显，呈长毛辫状，多数在头部的脸、唇、耳、眼等部位有灰、褐、黑色斑块。

黑滩羊头部清秀，鼻梁隆起明显，颈部较长，四肢较高，具脂尾，尾长不达飞节者居多。公羊有螺旋形大角，母羊有短角或角基者所占比例较多。黑滩羊蹄质致密，适合远距离游走放牧，对当地自然环境条件的适应能力尚好。黑滩羊应属于脂尾羊中的短脂尾羊，按照经济上实用分类属于裘皮羊。由于自然条件很差，培育出的黑滩羊具有耐艰苦、耐粗饲的放牧特性。

**4.生产性能**。滩羊裘皮皮板薄而致密，皮板厚0.7~0.8毫米，鲜皮重0.66~1.16公斤，半干皮面积在1600~2900平方厘米，具有毛股弯曲明显、花案清晰、毛股根部柔软可以纵横倒置、轻暖美观的特点，是制作轻裘的上等原料。

**5.繁殖性能**。公羊6~7月龄、母羊7~8月龄性成熟。适配年龄为：公羊2.5龄，母羊1.5龄。在舍饲条件下，营养均衡供给时，四季均可发情，发情周期为17~18天，发情持续期26~32小时，妊娠期149~156天，以153天者最多；公母羊可利用到6~7龄。（宁夏　杨风宝 ）

## 推荐两个优质山地绵羊品种

**一、昭通绵羊**

1.产地及分布：昭通绵羊主产于云南省昭通市，分布于昭通市下辖的11个县。

2.品种特征：昭通绵羊属藏系短毛型山地粗毛羊，一般无角，耳有长耳与短耳两种，短耳仅占7.4%。长耳　般耳长10～12厘米，最长者14.5厘米。尾长12～25厘米，呈长锥形。头长适中而较深，鼻梁稍隆起，眼眶稍凸出，颈细长，鬐甲稍高，背腰平直而窄，胸较深，肋骨微拱，腹线呈弧形，四肢较高，结构良好，体质结实。被毛多为白色，异质毛，毛丛结构不明显，少数母羊有毛丛结构，并有扭波弯曲。头部、前肢腕关节以下、后肢飞节以下为刺毛。毛色全白色者占2%，体躯全白者占98.59%，体躯斑花者占1.41%；头、肢及尾根有花斑者居多。

3.品种性能：昭通绵羊成年公羊平均体高、体长、胸围和体重分别为：63.31厘米、68.41厘米、84.13厘米、40.65公斤；成年母羊分别为：61.11厘米、65.31厘米、79.05厘米、31.65公斤。昭通绵羊年产毛0.81公斤，最高1.3公斤。昭通绵羊体型紧凑，体质结实，善于爬山越野，放牧性好。被毛品质佳，是制作地毯和擀毡的优质原料。

**二、威宁绵羊**

1.产地及分布：威宁绵羊主产于贵州省威宁县，分布于贵州省的赫章、毕节、大方、纳雍、水城、盘县、黔西、织金、金沙等县。

2.品种特征：威宁绵羊体躯较窄，后躯比前躯高。公羊多数有角，母羊少数有角。角型，公羊多为半圆形角，少数有螺旋形角；母羊仅为退化的小角。鼻梁凸隆，颈细长，腹较大，腰欠丰满，臀部略倾斜。骨骼较细，腿较长，尾短瘦呈锥形。全身被毛主要部位为白色，头部的耳、脸、唇及四肢下部多有黑色、黄褐色的斑点，全身白色者极少。

3.品种性能：威宁绵羊成年公羊平均体高、体长、胸围和体重分别为：59.3 ± 6.2厘米、57.0 ± 6.0厘米、72.5 ± 10.8厘米、34.6 ± 8.5公斤；成年母羊分别为：58.7 ± 5.0厘米、57.9 ± 5.8厘米、72.8 ± 7.3厘米、32.5 ± 6.3公斤。产毛量：威宁绵羊属粗毛羊，异质被毛，外层为粗毛和两型毛，少弯曲，内层为绒毛。羊毛油汗少。全身被毛覆盖较差，颈下缘、前肢肘关节以下、后肢股骨以下和腹下基本无绒毛。每年剪毛3次，全年每只产毛量共0.685公斤，公羊年剪毛量略高，为1.32公斤。威宁绵羊体质结实，极耐粗饲，特别适应贵州、云南等地的高海拔山区饲养。以威宁绵羊作母本，用细毛公羊和半细毛公羊引进杂交，已取得明显成效，其后代体重、产毛量和毛的品质等都有不同程度的提高。（贵州　李必权）

# 高原型皮肉兼用优质羊种——苏呼欧拉羊

苏呼欧拉羊是青海省河南县特有的畜种，是野生盘羊和藏系绵羊不断杂交、繁育后形成的皮肉兼用型优质羊种。

苏呼欧拉羊属藏系粗毛羊，在河南省饲养历史悠久，对严酷的自然环境有良好的适应性，具有抗病力强、耐高寒、体格大、生长发育快、产肉量高、肉无膻味、商品率高、神经敏锐、行动敏捷、合群性强、耐粗饲、易饲养以及皮大、皮板厚且结实、柔韧性好、保暖性强等特点。

苏呼欧拉羊体格高大而壮实，背腰较宽平，胸深，后躯发育好，十字部略高于体高。头呈锐三角形、成年羊额宽与头长为1∶1.72，鼻梁隆突，眼廓微突、耳较大，公羊角粗而长、呈浅螺旋状向左右平伸或稍向前，角尖向外，角间距较大，最大角间距达99厘米，公羊的角形与母羊的角形相比显得平直而雄伟。母羊角较细小，角形呈螺旋锥状向外上方斜升，较俊秀。蹄质致密。尾短小而瘦，呈扁平锥形，长12厘米左右。

成年公羊平均体高71.15 ± 3.47厘米，体长73.85 ± 4.61厘米；成年母羊平均体高67.87 ± 3.27厘米，体长69.70 ± 3.24厘米。成年公羊平均体重61.54 ± 6.60公斤，成年母羊平均体重49.66 ± 5.64公斤。

苏呼欧拉羊繁育性能良好。公羔羊在5~6月龄即有性行为，并能使母羊受孕，2.5龄配种能力最强，6.5龄以后配种能力下降。苏呼欧拉羊的母性良好，繁育性能高，育羔能力强。母羊

10~12月龄初情，1.5~2龄初配投产，一年一胎，一胎一羔，双羔极少，终生产羔4~6胎，7月下旬至8月中旬为发情旺季，发情周期多为16~18天，发情持续1~2天，妊娠期多为150天左右。本交配种公母比例为1：（24~30），一般在7~9月份配种，12月至翌年2月份产羔。经产母羊受胎率90%以上，羔羊成活率70%~90%，繁活率60%~80%。

苏呼欧拉羊放牧抓膘性能良好，胴体肌肉丰满，脂肪分布均匀，肉味鲜美。成年苏呼欧拉羊（羯羊）平均活重42.96±4.91公斤，胴体重20.29±2.47公斤，膘厚0.36厘米，屠宰率47.23%，净肉率36.17%；淘汰母羊平均活重42.92±3.47公斤，胴体重17.91±1.62公斤，膘厚0.23厘米，屠宰率42.72%，净肉率29.86%；1.5龄羯羊平均活重33.67±1.94公斤，胴体重15.57±1.11公斤，膘厚0.23厘米，屠宰率46.24%。

苏呼欧拉羊的肉具有高能量、高蛋白质、低脂肪、低胆固醇的特点。肉中蛋白质含量达21%，脂肪含量为3.15%，与高原性藏羊和青海半细毛羊相比，粗蛋白质含量比青海半细毛羊高15.38%，比高原型藏羊相对高6.33%，脂肪含量稍低于高原型藏羊和青海半细毛羊；苏呼欧拉羊肉氨基酸总量22483.5毫克/100克，高出高原型藏羊3.2%，高出青海半细毛羊19.13%，限制性氨基酸、必需氨基酸均以苏呼欧拉羊略高；与肉品香味有关的氨基酸，苏呼欧拉羊也略高于其他两种羊，尤其是与羊肉鲜味有关的氨基酸明显较高。

苏呼欧拉羊生长发育快，尤以幼年时期为甚。在自然放牧条件下，初生公羔平均体重3.58±0.65公斤，母羔3.35±0.51公斤；8月龄公羔平均体重24.92±4.33公斤，为成年羊的40.49%，日均增重88克，8月龄母羔23.91±4.17公斤，为成年羊的48.15%，日均增重85克；至对牙时体尺发育已基本完成，公母幼体已分别完成了成年羊体高的89.23%、93.34%，体长的87.46%、92.91%，胸围的84.45%、89.63%。

苏呼欧拉羊生长在高寒生态环境下，心肺器官功能强，呼吸、脉搏频率较快，血液中红细胞、血红蛋白含量较高，在终年放牧、无棚圈、无补饲条件下，对严酷的自然环境也有良好的适应性，适于广大牧区饲养和作为肉用羊父本进行杂交改良，大面积推广应用有较强的价格优势和群众基础，具有广阔的推广应用前景。（青海　冶青）

## 无角陶赛特羊及其杂交利用

1.品种来源。无角陶赛特羊原产于大洋洲的澳大利亚和新西兰。该品种是以雷兰羊和有角陶赛特羊为母本、考力代羊为父本进行杂交，杂种羊再与有角陶赛特公羊回交，然后选择所生的无角后代培育而成。

2.特征特性。无角陶赛特羊体质结实，面部、四肢及被毛为白色，羊毛覆盖至两眼连线，公母羊均无角，头短而宽，光脸，颈粗、短，耳中等大，胸宽深，背腰平直，后躯丰满，四肢粗短，整个躯体呈圆桶状。

无角陶赛特羊生长发育快，早熟，全年发情配种产羔，耐热及适应干燥气候性能好。该品种成年公羊体重90～100公斤，成年母羊为55～65公斤，剪毛量2.5～3.5公斤，净毛率60%左右，毛长7.5～10厘米，羊毛细度48～58支。产羔率130%～180%。经过肥育的4月龄羔羊胴体重20～40公斤，屠宰率50%以上，胴体品质和产肉性能好。在新西兰，该品种羊是用作生产反季节羊肉的专门品种。

3.杂交利用。在新疆维吾尔自治区用无角陶赛特公羊与伊犁、阿勒泰等8个地州的低代细毛杂种羊、哈萨克羊、阿勒泰羊、蒙古羊、卡拉库尔羊与当地土种粗毛羊杂交，一代杂种羊具有明显的父本特征，肉用体型明显，前胸凸出，胸深且宽，肋骨开张、背宽，后躯丰满，从后面看，后躯呈倒“U”字型。在伊犁巴州种畜场，陶杂一代羊5月龄宰前活重34.07公斤，胴体重16.67公斤，净肉重12.77公斤，屠宰率为48.92%，胴体净肉率为76.6%；在阿勒泰地区，陶阿杂种一代羊7月龄宰前活重38.1公斤，胴体重17.47公斤，净肉重14.11公斤，屠宰率45.85%，胴体净肉率80%，与同龄的阿勒泰羔羊相比，胴体重低0.99公斤，但净肉重却高1.91公斤。

在山东，用无角陶赛特品种公羊与小尾寒羊杂交，目的是在中原农区舍饲条件下，筛选出生长发育快、早熟、体大、产肉性能和繁殖性能高的杂交组合，同时探索培育我国多胎高产肉羊品种及舍饲集约化饲养途径。试验羊群全年舍饲，精料由玉米、麸皮、豆粕组成，比例分别为50%、30%和20%，日喂量0.5～0.7公斤；粗饲料有草粉、花生秧、青贮玉米等，粗饲料由母羊自由采食。

试验结果显示：陶×寒一代杂种羊体重，公羊6月龄为40.44公斤，周龄体重为96.7公斤，2龄体重为148公斤；母羊上述各年龄体重指标相应为35.22公斤，47.82公斤和70.17公斤。6月龄公羔宰前活重44.41公斤，胴体重24.2公斤，屠宰率54.49%，胴体净肉率79.11%，肉骨比为1：10.4，眼肌面积为17.33平方厘米。羔羊胴体分割净肉结果是，后腿肉占31.13%，腰肉占17.81%，肋肉占13.26%，肩胛肉占30.66%，胸下肉占7.13%，其中后腿肉和腰肉比小尾寒羊高出2.82%。剪毛量，陶×寒一代周龄母羊为2.02公斤，2龄母羊为4.83公斤，分别比同龄的小尾寒羊母羊高104.04%和83.65%。产羔率，陶×寒一代母羊为223.8%，二代母羊为200%，接近母本，显著高于父本。试验结果为中原农区舍饲集约化饲养肉羊提供了经验，为培育我国多胎高产肉羊新品种奠定了基础。

在甘肃河西走廊农区，用无角陶赛特公羊与当地蒙古羊杂交，一代杂种6月龄体重公羊为38.89±4.83公斤，母羊为36.55±5.68公斤，8月龄体重相应为42.50±4.39公斤和40.40±4.94公斤，周龄相应为46.92±4.59公斤和43.45±4.93公斤，与当地同龄土种羊相比，分别提高54.69%，80.332%，53.76%，75.65%和53.84%，65.08%。据资料介绍，无角陶赛特公羊与当地土种母羊杂交的一代杂种4月龄羔羊，宰前活重为31.39±1.94公斤，胴体重为16.19±1.49公斤，净肉重为13.24±2.24公斤，屠宰率为51.6%±2.68%，净肉率为81.82%±1.76%，每只杂种羊比当地同龄土种羊增收90.22元。用无角陶赛特羊与引入河西走廊的小尾寒羊杂交，一代杂种4月龄羔羊，宰前活重37.44±3.46公斤，胴体重19.50±1.61公斤，净肉重16.28±1.72公斤，屠宰率52.08%±2.21%，净肉率为83.48%±1.81%，与在相同饲养管理条件下育肥的同龄小尾寒羊相比，宰前活重、胴体重和净肉重分别提高12.94%，13.64%和15.79%。（山东　高振华）

## 优质毛肉兼用羊——敖汉细毛羊

### 一、品种形成。

敖汉细毛羊是毛肉兼用型的优良羊品种，以适应恶劣的风沙气候而著称，具有抓膘力、抗病力强，腹毛着生良好、毛长而多、体大、类型整齐、遗传性能稳定、繁殖力较高和适应性强等特性。

为适应市场需要，提高本品种羊毛丛长度、净毛率、净毛产量等指标，内蒙古赤峰市畜牧兽医科学研究所与内蒙古畜牧科学院、敖汉种羊场进行联合攻关，于1983年引入澳洲美利奴羊进行杂交，历时8年取得良好效果。在保持了敖汉细毛羊原有优良特性的同时，全面提高了生产性能，改善了被毛品质。据1990年测定，1/2澳血成年母羊净毛产量3.55 ± 0.63公斤，提高49%；毛丛长度9.17 ± 0.84厘米，提高12.8%；净毛率为43.9%，提高9.65%；繁殖率为118.4%。成年敖汉细毛羊胴体重28.64公斤，屠宰率为46.15%，产净肉22.48公斤，净肉率为36.22%。

**二、特征、特性**

敖汉细毛羊体质结实，结构匀称，骨骼坚实有力，各部位结合良好，体躯宽深而长，四肢端正。公羊有螺旋形角，母羊多无角。公、母羊颈部有宽松的纵皱褶，公羊有1~2个完全或不完全的横皱褶。被毛闭合良好，头部细毛着生至两眼连线，前肢达腕关节，后肢达飞节，腹毛着生状况良好。

敖汉细毛羊单胎公羔4.6公斤，母羔4.2公斤；双胎公羔3.6公斤，母羊羔3.5公斤。断乳重公羔30公斤，母羔27.5公斤。成年公羊剪毛后体重91公斤，母羊50公斤；育成公羊剪毛后体重53公斤，育成母羊40公斤。

**三、生产性能**

1.产毛性能。敖汉细毛羊产毛量：一级成年公羊平均产毛16.6公斤，一级成年母羊平均产毛6.9公斤；一级育成公羊平均产毛9.3公斤，一级育成母羊平均产毛6公斤。羊毛长度：一级成年公羊体侧部平均毛丛长度为9.8厘米，成年母羊7.5厘米；育成公羊9.3厘米，育成母羊9.2厘米。羊毛细度：一级成年母羊22.83微米，育成公羊21.4微米，育成母羊23.09微米。羊毛的强、伸度：细度60支者毛纤维绝对强度为9.24克，断裂伸度44.7%；64支者分别为9.41~9.8克、40.6%~47.3%；70支者分别为7.98克、49.9%。油汗颜色：乳白色或白色油汗占97%，羊毛呈明显的中弯曲。净毛率：成年公、母羊的羊毛净毛率为34%，育成公、母羊的净毛率为33%~38%。

2.产肉性能。在天然草场放牧育肥的条件下，8月龄敖汉细毛羊平均空腹重34.2公斤，屠宰率为41.1%；9月龄敖汉细毛羊44.7公斤，屠宰率43.4%；成年敖汉细毛羊体重63.7公斤，屠宰率46%。

3.繁殖性能。经产母羊的产羔率为132.75%。

**三、适应性**

敖汉细毛羊适应恶劣的风沙气候，抓膘力强，6级大风时仍能照常放牧采食。成年母羊经5个月青草期可增重13公斤以上。抗病力强，幼龄羊发病率仅为5.76%，死亡率0.61%。在黑龙江乌伊岭地区、新疆哈密地区以及安徽宿县等地饲养后，均获得了适应性强和繁殖率高的效果。引入安徽省宿县后母羊的产羔率达123.8%,平均产毛5.9公斤，比引入时提高0.73公斤。

**四、遗传稳定性**

敖汉种羊场羊群自纯繁提高以来，一级羊比例平均每年提高3.7%~4.6%。与蒙古羊杂交，一代母羊1龄时产毛2.45公斤，比母本提高1公斤。与一类细毛母羊杂交，其子代1龄产毛4.14公斤，比母本提高0.35公斤，子代1龄时毛长度7.56厘米，比母本提高0.69厘米，说明敖汉细毛羊具有稳定的遗传性。（内蒙古　宗泽君　孙德欣）

# 生产肥羔羊肉的优质羊种——湖羊

近年来，随着人们生活水平的提高，肥羔羊肉更受消费者青睐，需求量也不断增长。肥羔羊肉系指30～60日龄断奶后即转入育肥，在4～6月龄体重达32～35公斤时进行屠宰所得的羔羊肉。这种羔羊肉具有瘦肉多、脂肪少、胆固醇含量低、肉质鲜嫩多汁、膻味轻、易被人体消化吸收的特点。

饲养肥羔羊要求密集产羔，羔羊生长快、生产周期短、产出率高、饲料省、成本低。因此，选择生产肥羔羊的母羊应当是早熟性好、生长发育快、繁殖力强、肉质好。而浙江省杭嘉湖地区所产湖羊正符合这些要求。归纳起来，湖羊具有以下优异的特性：

（1）成熟早。一般湖羊5月龄即性成熟。（2）繁殖力强。湖羊能四季发情排卵，全年可安排配种产羔，3年可产5胎，其产羔率一般在220%～250%。调查结果显示，在湖羊群体中连产3胎，每胎产3羔以上的达30%以上。（3）母性好。在合理饲养条件下，哺乳母羊日泌乳量为0.5～1.5公斤，羔羊成活率高达95%以上。（4）生长发育快。据浙江省农科院畜牧兽医研究所测定，湖羊从出生到1月龄平均日增重236.5克，3～4月龄平均日增重213.3克。（5）饲料转化率高。据对断奶后湖羊羔羊进行46天全喂精料育肥试验结果表明，其双羔日增重可达240克，料肉比为2∶1。（6）肉用性能良好。据测定，4月龄体重30公斤的肥羔羊，其屠宰率为50%，胸体瘦肉67%，脂肪13%，骨20%，肉质鲜美。（7）杂交效果明显。以湖羊为母本与夏洛来公羊进行杂交，其杂交一代6月龄体重达37.1公斤，比对照组（26.5公斤）增重提高40.0%。此外，湖羊还有适合密集管理、对环境的适应能力较强及具有耐湿热等特性，可实施舍饲条件下工厂化规模饲养。特别是在我国南方，夏季高温潮湿气候，一般其他绵羊品种很难适应，而湖羊却可正常生长繁殖。所以在南方各省、区发展肥羔羊生产，选择湖羊作母本羊种比较理想，在有条件的地区可开展杂交，杂交一代再进行育肥。（浙江　袁锡寿）

## 优质肉用绵羊——杜泊羊

杜泊羊原产南非。经多年的养殖观测，该品种表现出优良的种质特性及很好的种用价值。

杜泊羊体格大，体质好，体躯长、宽、深，形似圆桶状，肢短骨细；被毛纯白，头毛分黑、白色两种，多数羊初春后有自然脱毛现象，全身底毛为覆盖毛紧贴皮肤。经济早熟是杜泊羊的最大优点。中等以上营养条件下，羔羊初生重4～5.5公斤，断奶重34～45公斤，哺乳期平均日增重350～450克；周龄重：公羊80～85公斤，母羊60～62公斤；成年公羊体重100～120公斤，成年母羊85～90公斤。1龄前以高、长增长最快，1～1.5龄主要增长宽和深，胸围很大。杜泊羊以产肥羔肉特别见长，胴体肉质细嫩、多汁、色鲜、瘦肉率高，被国际誉为“钻石级肉”。4月龄屠宰率51%，净肉率45%左右，肉骨比（4.9～5.1）：1，料重比1.8：1。杜泊羊年剪毛1～2次，剪毛量：成年公羊2～2.5公斤，母羊1.5～2公斤。被毛多为同质细毛，个别个体为细的半粗毛，毛短而细，春毛6.13厘米，秋毛4.92厘米，羊毛主体细度为64支，少数达70支或以上；净毛率平均50%～55%。性成熟：公羊5～6月龄，母羊5月龄；体成熟：公、母羊分别为12～14月龄和8～10月龄；情期受胎率：大群初产母羊58%，经产母羊66%，两个情期受胎率可达98.4%，妊娠期平均148.6天，产羔率平均177%，羔羊断奶成活率大群平均97.2%，其中单胎羔为100%。杜泊羊为常年发情，在陕南多在8月份至翌年4月份，集中于8～12月份，产羔间隔8个月，可2年3产。该品种具有很好的保姆性与泌乳力，这是羔羊成活率高的重要因素。杜泊羊被推广到全国各地的温带各气候类型，都表现出良好的适应性，耐热抗寒，耐粗饲，唯因体宽腿短，30°以上坡地放牧稍差，但在较平缓的丘陵地区放牧采食和游走都很好。杜泊羊遗传性很稳定，无论纯繁后代或改良后代，都表现出极好的生产性能与适应能力，特别是产肉性能是目前我国引进和国产的其他肉用绵羊品种都不可比拟的。该品种皮质优良，板皮厚且面积大，是理想的制革原料，常被用来做马的鞍具等高级皮革制品，皮的经济价值占整个屠体的20%。

利用杜泊羊与小尾寒羊杂交，杂交一代体型明显倾向父本，初生重比母本增加5.4%，断奶重提高69.0%，哺乳期平均日增重较母本高84.1%。另外，杜泊羔初生重和断奶重，比本场繁育的无角道塞特羊分别高15.5%和18.9%。（陕西　赵敬贤）

## 介绍三个各具地方特色的役肉兼用良种牛

**1.蒙古牛。**蒙古牛产于蒙古高地，在我国主要分布于内蒙古自治区及与其相邻的西北地区的新疆、甘肃和宁夏，华北地区的山西和河北，东北地区的辽宁、吉林、黑龙江等省区。

蒙古牛体质结实、粗糙。公牛头短宽而粗重，额顶低凹。角长，向前上方弯曲，呈蜡黄或青紫色，两角的间距短。公牛角长40厘米，母牛角长20厘米。垂皮不发达，低平。胸扁而深，背腰平直，后躯短窄，尻部倾斜，后肋开张良好。母牛乳房容积不大，结缔组织少，乳头小。四肢短，多刀状后肢势。蹄中等大，蹄质结实。皮肤较厚，皮下结缔组织发达，冬季多绒毛。毛色大多为黑色或黄色，次为狸色或烟熏色，也常见有花毛等各种毛色。

蒙古牛中等营养水平的阉牛平均宰前重可达376.9公斤，屠宰率为53%，净肉率为44.6%，骨肉比1：5.2，眼肌面积56.0平方厘米。放牧催肥的牛一般都超不过这个肥育水平。母牛在放牧条件下，年产奶500~700公斤，乳脂率5.2%，是当地土制奶酪的原料，但不能形成现代商品化生产。成年蒙古牛一般屠宰率为41.7%，净肉率为35.6%。

**2.巫陵牛**。巫陵牛主产于湖南、湖北、贵州三省交界处。产区境内多大山峡谷，地势高低悬殊，地形复杂，海拔800～1400米，高者达2000米以上，低者在100米以下，有高山、中山、低山、丘陵之分。由于产区境内地形复杂，地势高低不一，形成小气候。最高气温有达42℃者，最低气温有达-12℃者。产区草场辽阔，牧草繁茂，有养牛所需的放牧地和丰富的饲草资源，为我国南方黄牛的重要产区之一。

巫陵牛主要分布在湘西的凤凰、大庸、花垣、桑植、永顺、慈利六县，黔东北的思南、石阡、沿河、务川、德江、道真及正安七县以及鄂西南的恩施地区。

巫陵牛被毛黄色最多，栗色、黑色次之。角形不一。公牛肩峰肥厚，高出背线6~8厘米，母牛肩峰不明显。尻斜，肢长中等，四肢强健，后肢飞节内靠，蹄形端正，蹄质坚实，尾较长。

巫陵牛成年公牛平均体高、体长、胸围、管围和体重分别为：114.9厘米，129.0厘米，158.6厘米，16.4厘米，308.1公斤，成年母牛分别为：105.0厘米，118.3厘米，144.8厘米，14.4厘米，232.1公斤。屠宰率公牛为50.1%，母牛为51.1%；净肉率公牛为40.1%，母牛为39.7%；眼肌面积公牛为58.6平方厘米，母牛为50.1平方厘米。公牛18~24月龄性成熟，母牛10~12月龄性成熟，初配年龄公母牛均为2.5龄。巫陵牛具有体质结实、肢蹄强健、行动灵活、善于爬山、耐劳、耐旱、抗湿及耐粗饲等特性。

**3.南丹黄牛**。南丹黄牛属役肉兼用型广西三大地方黄牛品种之一。中心产区为南丹县的中堡、月里、里湖、八圩四个乡（镇）。相邻的环江、天峨、东兰、金城江等县（区）也有分布。南丹黄牛毛短细、有光泽，以黄褐色毛为主。鼻镜、蹄、角多为黑褐色。头较宽短，额宽平，耳平壳薄，角形多呈“倒八字”。公牛肩峰明显，高10~15厘米。颈垂较发达，胸垂较小。尻部短斜，尾帚长过飞节，多为黑褐色，间有蜡黄色，毛细而直。乳房欠发达，泌乳性差。成年体重：公牛355公斤，母牛260公斤。屠宰率46.23%，净肉率36.41%。性成熟稍晚，公牛18~24月龄，母牛18~30月龄；初配：公牛18~30月龄，母牛18~34月龄；妊娠期279.96天。南丹黄牛性温顺，使役好，耐粗饲，适应性好，抗病力强。

近年来，随着商品牛贸易的促进，南丹黄牛以其肉味鲜甜，柔嫩多汁、风味独特而著称，远销上海、南京、广东和港澳地区及东南亚国家。为了做强做大南丹黄牛品牌，南丹县委、县政府把它列入“以农富民”工程的重头戏来抓，积极实施杂交改良，利用南丹黄牛作母本与国外肉牛品种进行杂交，杂交一代具有显著的杂种优势，既保持有国外肉牛品种生长速度快、易育肥，又有南丹黄牛适应性强、肉质风味好的特点。随着人民生活水平的提高，人们对肉食品的消费观念逐渐向低能量、低胆固醇、高蛋白的草食动物肉类发展，因此发展南丹黄牛养殖市场前景非常诱人。（广西　周新宇）

## 高抗优质乳肉兼用吉林系——中国草原红牛

中国草原红牛是由吉林、内蒙古、河北三省区协作，以引进的兼用短角牛为父本，以当地饲养的蒙古牛为母本，经杂交改良、横交固定、自群繁育三个育种阶段，在以放牧饲养为主要条件下育成的兼用型新品种牛。1985年，由农牧渔业部组织专家验收，正式命名为“中国草原红牛”。

吉林系中国草原红牛主要饲养在吉林省西部地区。已形成了偏乳型草原红牛（含1/4丹麦红牛血）和偏肉型草原红牛（含1/4利木赞牛血）两个基础群体，为品系繁育奠定了基础。

**一、特征特性**

吉林系中国草原红牛适应性强、耐粗饲、繁殖率高、性情温顺，沉积脂肪能力比较强、早熟，尤以乳和肉的品质好、风味独特而受到消费者的好评。

吉林系中国草原红牛全身被毛为红色，体格中等。头清秀，角呈蜡黄色、角尖稍黑、向前上方弯曲、多呈倒八字形。颈肩较宽厚、结合良好，胸深较宽，背腰平直，尻长较平。四肢端正，蹄质结实，骨骼健壮，肌肉较丰满，整体结构匀称，侧观呈长方形。母牛乳房发育良好，多呈盆状。

吉林系中国草原红牛初生犊牛含1/4丹麦红牛血的公、母平均体重32.51公斤，体高68.84厘米；含1/4利木赞血的公、母平均体重34.38公斤，体高71.35；成年公牛平均体重893.8公斤（850~1050公斤），体高142.7厘米；成牛母牛平均体重475.8公斤，体高125.5厘米。

**二、生产性能**

1.产奶性能。母牛放牧加补饲，每产3~4公斤奶补混合精料1公斤。吉林系中国草原红牛含1/4丹麦红牛血的三产母牛平均泌乳天数244.39天，泌乳量3168.64公斤，最高个体产量5329.8公斤；吉林系中国草原红牛含1/4利木赞血的三产母牛平均泌乳天数231.86天，泌乳量2821.09公斤，最高个体产量4764.4公斤，平均乳脂率4.0%以上。

2.产肉性能。吉林系中国草原红牛含1/4利木赞血的断奶小公牛，持续育肥310天，18月龄出栏体重520.7公斤、育肥期日增重1102克，宰前活重506.3公斤、屠宰率59.22%、净肉率49.19%、骨率10.03%；18月龄架子公牛强度育肥180天，24月龄出栏体重549.6公斤，育肥期日增重1447克，宰前活重534.67公斤、屠宰率61.07%、净肉率51.96%、骨率9.1%。

据吉林省农科院大豆研究所品质分析室对18月龄出栏的持续育肥牛肉质分析结果：中国草原红牛粗蛋白21.96%、粗脂肪6.04%、油酸45.29%、亚油酸5.93%、与鲜味有关的氨基酸（天冬氨酸、谷氨酸、甘氨酸）22.02%，吉林系中国草原红牛含1/4利木赞血分别为22.72%、4.92%、44.45%、6.1%和21.57%。

3.繁殖性能。吉林系中国草原红牛母牛性成熟期一般为14~16月龄，发情周期平均21.2天，多为18~23天，发情持续时间12~36天，早春分娩的母牛多在产后80~110天发情，夏季分娩的母牛多在产后40~50天发情，母牛妊娠期平均为283.5天。由于受当地饲养条件影响，形成了季节性繁殖，多集中在6~9月份发情，冬季营养较差，多不发情。据对通榆县三家子种牛繁育场连续五年的资料统计，繁殖成活率84.74%，产犊间隔407天。

公牛1周岁左右性成熟，1.5~2周岁开始采精配种，一次射精量4.5~10毫升，精子密度6~10亿/毫升，原精活力0.7左右。

**三、适应性**

吉林省西部地区自然条件较差，风沙干旱，夏季炎热，最高气温达40℃，且蚊蠓繁多；冬季严寒，最低气温达-38℃。中国草原红牛在草原上放牧饲养，不怕风吹雨淋、烈日暴晒、蚊虫叮咬，在风雨严寒的冬季也没有畏缩、战栗、弓腰等不适应表现。放牧采食性强，不论草质好坏，都能安静采食，游走范围不大。夏季吃饱青草后，抓膘快，换毛早。对一般疾病的抗御能力强，发病率低，表现对环境条件有较好的适应能力。

吉林系中国草原红牛种牛已推广到辽宁、黑龙江、内蒙古、安徽、甘肃等十几个省区。目前饲养一头吉林系中国草原红牛成年母牛年纯收入3000元以上（出售鲜奶和断奶犊牛），经育肥后的草原红牛肉每公斤售价40~50元。饲养中国草原红牛已成为当地农民脱贫致富的优势产业。（吉林　胡成华　张国梁等）

# 两个深受人们喜爱的中外宠物犬

**1.欧洲贵族宠物——蝴蝶犬。**蝴蝶犬原产于法国和比利时，毛色为白底上配各种花色，属小型宠物犬，体重在2.5公斤以下，身高在28厘米以内。

蝴蝶犬头呈圆形，鼻梁骨相当明显，吻突部呈锥形，嘴唇较薄、紧闭着。眼睛大，呈杏形，色暗。耳大靠后，有两种耳型，一种竖立，另一种下垂。两耳饰满美丽的长毛，整个头型如展翅的蝴蝶，因而得名蝴蝶犬。本品种犬被毛丰富、蜡质，腿的后部有丰富的裙毛，肩隆上有7.5厘米长的毛。

目前，几乎所有的蝴蝶犬都是法国和比利时的混合血统。它是理想的宠物犬，是皇宫和贵族沙龙中送人的礼物。本品种犬非常聪明、迷人，其性格坚韧，能吃苦，活泼热情，动作敏捷，是十分理想的伴侣犬，因其对陌生人有戒备心理，适合看家。蝴蝶犬不耐热，爱干净，适合在公寓内饲养。主人不仅要经常给爱犬梳毛去死结，还要定期给爱犬护理耳朵和眼睛。

**2.稀有珍贵的宠物——中国冠毛犬。**中国冠毛犬原产于中国，毛色多样，体重5.5公斤以内，身高在23~33厘米之间。中国冠毛犬分无毛犬和面纱粉扑犬两个类型。无毛犬头部有稀薄的长毛，身体和其他部位没有大面积的毛；面纱粉扑犬全身长有精细下垂的被毛。该品种犬眼睛中等大小，呈暗黑色，眼间距比较宽。无毛犬的耳朵较大并且竖立着，部分耳边有边毛；面纱粉扑犬的耳朵下垂。冠毛犬不仅体态优雅，而且有“小马型”结实的骨架。

冠毛犬有1万多年的驯养历史，据推测，墨西哥无毛犬可能是中国冠毛犬的祖先。也可能是墨西哥无毛犬与吉娃娃犬的杂交后代。中国冠毛犬于1975年第1次在法国展示，1985年第1次在美国纽约展示，目前是比较普通的犬种。该品种犬姿态优雅，皮肤细致，警戒无攻击性，精神饱满，聪明可爱，不喜欢孤独，不需要太大的活动空间，但需要每天散步，适合室内饲养，是非常理想的伴侣犬。面纱粉扑犬需要经常梳理被毛，无毛犬不需要梳理

被毛，但需要经常洗澡，该犬种对寒冷敏感，但要避免阳光长时间照射以免损伤皮肤。（北京　周桂兰）

## 介绍三个国外引进的名优犬种

**1.松狮犬**。松狮犬又称熊狮犬、巧巧犬。此犬源自蒙古国，后来传入中国作为警犬，防止敌人入侵并成为贵族的猎犬，后来成为肉用和毛皮用品种。目前在亚洲各地仍视其为美味珍品。松狮犬有长毛和短毛两种类型。长毛型全身被长毛，颈肩部被毛（领毛）长而直，公犬的被毛和领毛通常比母犬的长。松狮犬外表看起来很拘谨、冷漠，其实相当具有独立性，沉稳，对主人忠诚、亲近。松狮犬勇猛，威风如熊的脸，愁眉苦脸的表情，尽管外表可怕、凶猛，但通常并不随意起争斗之心。松狮犬被毛浓密蓬松，肩毛也较长。毛色为整体一色，有黑色、红褐色、蓝色、黄褐色和奶油色5种，没有斑点或花纹。头部形状似狮子，额部宽而平坦，口鼻部中等长，鼻端黑色。舌呈蓝色或蓝紫色，这是松狮犬最重要的标志之一。眼小，呈杏仁状，深而下陷。耳小，呈三角形，直立或前倾。胸阔而深，背短，四肢粗壮，脚似猫爪。尾毛丰厚，尾根高卷于背上。体高46~60厘米，体重24~30公斤。松狮犬肉质鲜嫩，是上等佳肴，皮可做服饰。

**2.圣伯纳犬**。圣伯纳犬原产于瑞士阿尔卑斯山，因圣伯纳修道院而得名。其血统中含有藏獒的血液。公元980年，修道院的教士们饲养此犬作为山中的向导，寻找迷路失踪的人并使之苏醒。现在尽管运输道路已经现代化，这种救援技能已经不需要了，但该犬仍以聪明、温顺的性格深受宠爱。

圣伯纳犬头大额宽且圆，头顶微突，颜面凹陷，鼻梁直短，鼻端黑色，嘴大，上唇下垂。眼略小，微凹于突出的眼眶内，颜色深，两眼距离宽。耳根高，双耳色深，垂贴于两颊。颈部宽，胸部宽而深，背腰平直，肌肉发达。四肢粗壮，直立有力，尾长而粗大、下垂。毛色为白底红色、橘红色，嘴四周、额部、颊部、颈四周、前胸、足、尾尖等处有白毛，而嘴、鼻、眼、耳有黑毛。该犬聪明、温顺，对主人忠诚。国内很多地区已引入此犬。成年犬体重80~90公斤，体高70~85厘米。

**3.日本秋田犬**。日本秋田犬是因其产于日本秋田县而得名。其原产日本大馆，是秋田县大馆及鹿角的地方犬，日本秋田犬属日本本地犬中大、中、小三种类型中的最大者，一直被用于狩猎。数百年来，以斗牛而闻名，经人为选种选育，现成为日本最大型品种。公犬身高约67厘米，体重45公斤；母犬身高约61厘米，体重37.5公斤。上毛刚直，下毛柔软密生。耳较小、厚，呈三角形，略向前倾、直立。肌肉骨骼发达，头盖骨大，鼻头大，色黑。体表有赤色、白色、胡麻色的被毛。眼较小，呈三角形，以色暗者为佳。皮肤紧，颈粗而肌肉发达，前肢粗大，骨骼坚实，胸部宽而深，背平。腰部肌肉结实而适度收腹，腕部略倾斜。后肢大腿肌肉发达，尾垂，性情沉着、顺从、聪明、忠实。

（河南　王清军）

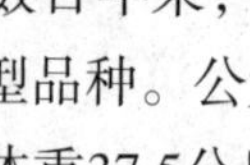

## 介绍两个优质长毛兔新品种

### 一、中粗毛型“金燕”长毛兔

1.选育背景。中粗毛型中国金燕长毛兔，是选用高产的细毛型德系长毛兔与世界著名的细毛型法系长毛兔配组杂交，历经20多年的精心培育，严格选择，提纯复壮，继二个优良亲本后，育成的优质、高产、抗病、适应性强的中粗毛型长毛兔新品种。该品种曾荣获曼谷“2001国际农牧科技成果暨产品推广博览会”优秀产品金奖、中国管理科学研究院名牌与市场战略专家委员会的“中国畜牧业首批放心品牌”。入编国家农业部《2005年中国畜牧业年鉴》。

2.品种特征。中国金燕长毛兔外貌头形较为一致，全身绒毛雪白，毛型中粗，毛质特优，颈下有皱褶，耳长、宽、薄，头形较窄，两耳较短有少量绒毛，背腹、臀部及四肢（包括脚底）绒毛厚密，遗传性状稳定。

3.生产性能。成年公母兔平均体重5公斤左右，年产兔毛1500~2000克，粗毛率15%左右，产毛率30%以上，优质毛率93%以上，年产崽4~5胎，每胎5~8只，断奶体重1~1.5公斤。适应性强，仔幼兔生长快，凡长毛兔饲养地区均适于生长。

**二、沂蒙巨型长毛兔**

沂蒙巨型长毛兔系经多年和多品种多代杂交选育而成。该兔近年来先后在山东、河南、江西、河北、四川、安徽、江苏等省推广，均表现良好。

1.品种特征。成年兔体重4.5公斤，最大可达6.5公斤。全耳有毛，头短而宽，头毛较长，头呈方形。身体长而粗，全身毛密均匀，四肢上的毛较长较密，能提高单只产毛量40~60克。

该兔属大体型兔，具有性情温顺、生长快、抗病力强、耐粗饲、母性好等特点。其后代毛的密度和体型都比较稳定，是值得大力推广的长毛兔良种。

2.生产性能。该兔平均73天剪毛1次，全年剪毛5次，平均每次每只剪毛290克，最多可达380克。因天气和季节不同，可提前或推迟剪毛时间。

该品种因体型较大，故配种月龄以大一些为好。母兔初配月龄不能小于8个月，公兔不能小于9个月。若提前配种，会影响后代的体型和产毛量，降低兔毛质量。（山东　石增江）

## 密州毛肉兼用兔

密州毛肉兼用兔是由山东省诸城市本明兔业公司利用德系长毛兔与其他良种兔进行品系间和级进杂交，并经多年繁育、长期优选、横交固定而成。它适应性强，生长快，个体大，肌肉丰满，母兔泌乳性好，产毛产崽性能双优。成年兔体重4000~7000克，料毛比为（36~43）：1。

密州毛肉兼用兔头方额平，体型紧凑，两眼红亮有神。种公兔4~4.5月龄性成熟，7~8月龄可用于交配。种母兔4月龄性成熟，6~7月龄可初配，繁殖利用年限3~4年。兔毛洁白光亮，被毛密度大，粗毛量10%以上，绒毛不结块，60~62天产毛量285~400克，年剪毛5.8~6次，年产兔毛1.5~2.2公斤。

密州毛肉兼用兔在产毛的同时，一般年产4胎仔兔，年繁育成活商品仔兔20只以上。商品仔兔养至6月龄时，体重可达4.25公斤，累计产毛400克。12月龄以后，年产毛量可达1.5~2公斤。毛、肉双佳，可作为剪毛兔利用。密州毛肉兼用兔食欲旺，消化力强，以青粗饲料为主，成年兔每天补充100克左右精料（日粮中蛋白质在18%~20%最佳）。日粮中添加0.3%~0.5%的蛋氨酸、胱氨酸等添加剂，可增加产毛量15%~20%。兔毛62天剪一次，与其他品种相比，密州毛兔毛纤维昼夜增加长度最长，达0.6~0.7

毫米，产量最高。（山东　陈光君）

## 养殖珍禽——贵妃鸡

贵妃鸡，原产英国皇室，集观赏、美食、滋补于一身，营养丰富，被誉为“益智肉”、“美容肉”、“益寿肉”。它头戴凤冠，身披黑白花羽，天生丽质，被英国皇室定名为“贵妃鸡”，专供宫廷玩赏和御用，并禁止民间饲养。后由野生驯化而得，现国内养殖数量极少，正是大力发展的好时机。

**一、外貌特征**

贵妃鸡头戴凤冠，身披蓝黑间白花羽毛，三丛冠，脚上有距，五趾（脚内侧两趾较小），贵妃鸡长有胡髯遮盖部分眼睑，使人们只看到其大而灵活的眼睛、小而短的喙、外露的大鼻孔。全身羽毛基色为黑色，白色飞花不规则地分布全身，但以头部、胸部较密集，具有观赏价值。

**二、生产性能**

贵妃鸡遗传性状稳定，其饲养方法与土鸡基本无异，可放养、笼养，每平方米可养8只左右。其性情温和，抗逆性好，不易得鸡瘟，适合规模化和家庭饲养。种鸡5月龄开产，平均每只母鸡年产蛋170~180个，蛋壳呈白色，平均蛋重为40克，蛋呈长椭圆形，成年母鸡体重约1250克，公鸡约1500克。其育雏成活率高达95%，抗病力强，易饲养，生长快，1日龄苗重为25~30克，30日龄约300~350克，60日龄约650克，90~100日龄约900~1200克便可上市出售。

**三、生活习性**

贵妃鸡有较强的适应能力，抗寒、抗热性能较好。食性较广，生长较快，性情温和，喜群居，不怕人，愿与人接近，无啄人、啄蛋恶习，在运动场外用手指叩打网罩可引来贵妃鸡啄食手指。飞翔能力较弱，喜爱阳光。

**四、经济效益分析**

1.收入预测：以引进1组（50公，250母）贵妃鸡为例，每只母鸡年产蛋按170枚计算，250只母鸡年产蛋42500枚。种蛋合格率按90%计算，受精率、孵化率、成活率均按85%计算，则年产贵妃鸡为：42500×90%×85%×85%×85%=23490只。饲养3个多月的商品鸡可达1公斤，目前售价50~70元/只，即使按土鸡价卖，也可卖40元/只。一年收入：23490只×40元/只=94万元。

2.成本分析：①引种款约3万元。②饲料费：每只商品鸡成本7~10元，23490只约需饲料费23万元；种鸡饲料费约1万元。共计24万元。③水、电费年开支约1000元。④人员工资：平均每人每年按11000元计，2人共计2.2万元。总计开支26.3万元。

3.利润：94−26.3=67.7万元。第一年即可收回全部投资还盈利67.8万元。（福建　蓝招衍）

## 两个药肉兼用型珍稀乌骨鸡良种

乌骨鸡是我国特有鸡种。它具有乌皮肤、乌肌肉、乌骨等乌色性状特征，历史上将它作为保健药用或观赏之用。乌骨鸡肉质鲜美，营养丰富，具有较高的滋补作用。随着市场对乌骨鸡需求的增长，乌骨鸡养殖业发展迅速，已成为我国肉鸡养殖业的重要组成部分。

**1.兴文乌骨鸡**。兴文乌骨鸡的中心产区在四川省南部山区的兴文县，属四川山地乌骨鸡。分布于珙县、筠连县、高县等地。宜宾、屏山县和江安南部丘陵山区亦有少量分布。

兴文乌骨鸡体形较大，体质结实、健壮。冠形以单冠为主，复冠甚少。羽毛绝大多数为片羽(常羽)，翻羽和丝毛羽极少见。羽毛颜色以全黑为多，麻黄次之，全白羽很少。兴文乌骨鸡大多数的冠、脸、髯、喙、趾、皮肤和舌头均呈乌黑色，屠宰后其肉、骨和内脏也全乌黑色，群众称之为十全乌骨鸡。部分鸡的舌和肉不是乌黑色，称为半乌骨鸡。

成年公鸡体重2.6~2.8公斤，母鸡2.15~2.23公斤。兴文乌骨鸡6月龄前生长较快，当公、母鸡体重分别达2.2和1.8公斤，为适宜屠宰期；在较好的舍饲条件下，适宜屠宰期为4月龄，公、母鸡体重可达2.3和1.9公斤。同龄阉鸡屠宰率(全净膛)为79.5%左右，净肉率可达67%~69%。

兴文乌骨鸡肉质细嫩多汁，香味浓，具有一定的保健作用。兴文乌骨鸡母鸡开产日龄为180~210天，年平均产蛋量100~120枚，种蛋受精率82%，受精蛋孵化率87.5%。

兴文乌骨鸡适应性广，除原产区外，现已推广到平坝、丘陵区，生产性能、遗传性均较稳定。

**2.沐川乌骨鸡**。沐川乌骨鸡中心产区在四川省沐川县的大楠、底堡、干剑、沐溪、建和、幸福、永福和炭库八个乡、镇。分布于沐川全县及其毗邻县、区的浅丘、二半山区。

沐川乌骨鸡体型较大，站立时体躯呈倒三角形。全身羽毛(片羽)黝黑，泛蓝绿色光泽，梳羽、蓑羽和尾羽尤甚。全身皮肤、口腔黏膜、肛门括约肌均为乌黑色。喙、冠、肉垂、耳、趾为乌黑色；冠分单冠、玫瑰冠、复冠三种，为黑灰色；胫较长，以有毛为主；母鸡头较轻小，与体型不相称，脸部皮肤粗糙而松弛，有黑色和紫色两类。公鸡颈羽丰厚，尾羽发达，姿态雄健。

成年公鸡体重2.68~2.85公斤，母鸡体重2.29公斤左右。该品种成年公、母鸡全净膛屠宰率分别为79%和69%左右，净肉率分别为56.1%和49.8%左右。母鸡开产日龄为210~230天，年产蛋量70~120枚，种蛋受精率95%左右，受精蛋孵化率为92%左右。肉质细嫩，肉、蛋味鲜美。

沐川乌骨鸡适于丘陵、二半山区气候条件，可放牧、圈养，只补饲少量配合料或籽实饲料，亦可实行舍饲笼养。（四川省沐川县畜牧粮食局　邹立和）

## 鸭中珍品——白鹜鸭

白鹜鸭属闽西地区著名特产，迄今已有700多年的历史。据记载，白鹜鸭可治咯血、虚痨等病症，是多种疾病的辅助治疗食品，中医和民间均认为该鸭具有清热解毒、滋阴降火、祛痰开窍、宁心安神、开胃健脾功效，广泛用于辅助治疗小儿麻疹、肝炎、无名低热高烧和血痢，对癌症患者具有缓解病痛等辅助治疗作用。是迄今为止国内唯一具有药用滋补和保健作用的鸭种。该鸭不油腻、汤味独特、肉质鲜美、清香四溢，食用时只加少许食盐和味精，不需加放生姜和任何作料。其所独有的特殊药理作用和风味，在人们保健意识增强的背景下，正逐渐被保健专家和养殖户高度重视，成为人们食疗滋补的佳品。

**1.外貌特征。**白鹜鸭相传为古代白鹜与地方鸭杂交，再经长期选育而成，全身羽毛雪白，嘴、趾、蹼均为青绿色或黑色，眼球黑色，以乌嘴、黑脚、白羽为显著特征；其体型小，身躯狭长结实，头小，前胸浅，颈、嘴长，腹部略下垂，形如楔状，行动灵活。

**2.生产性能。**白鹜鸭饲养周期越长药效越高，而只有饲养4个月以上的白鹜鸭才真正具有药效。白鹜鸭容易繁殖，雏鸭经过70天左右饲养即可达1.25~1.5公斤，屠宰率高，每50公斤活鸭可得净鸭35公斤。产蛋量高，120日龄开产，每天除正常放牧外，只要补给少量稻谷等饲料即可正常产蛋，年产蛋240~300个，单个蛋重55~60克，而且蛋壳坚硬，有利运输。

**3.生活习性。**白鹜鸭行动较快，善于爬坡和潜水，觅食和抗病能力强，适宜在山区梯田、垄田、水塘、湖泊上放牧；其养殖方法与常规鸭养殖方法相同，白鹜鸭食性杂而广，耐粗饲，主食水草、青草、小虫、植物茎块、软体动物等，饲养成本低。饲养白鹜鸭是一项投资少、见效快、效益高的致富好项目，具有极其广阔的市场前景。（福建　蓝招衍）

## 蛋肉兼用地方良种鸭——高邮鸭

高邮鸭又名高邮麻鸭，因毛色如麻雀而得名，是我国三大名鸭之一，属蛋肉兼用型地方优良品种，原产于江苏省高邮、定应、兴化一带。2000年10月份被农业部列入国家级畜禽品种资源保护名录。2001年11月高邮市种鸭场已被列入国家级种禽资源保种场。

**1.体型外貌。**高邮鸭体态均衡匀称，呈长方形。公鸭背阔肩宽，胸深躯长，呈长方形；头颈上半段羽毛为深孔雀绿色，背、腰、胸为褐色，芦花毛，臀部黑色，腹部白色；喙青绿色，趾蹼均为橘红色，爪黑色，故有“乌头白裆青铜嘴”之称。母鸭全身羽毛紧密呈褐色，有黑色细小斑点，如麻雀羽，主翼羽蓝黑色；细颈长身；胸部宽深；喙豆黑色；虹彩深褐色；胫、蹼灰褐色，爪黑色；臀部方形，有“紧毛细花，细颈长身，麻雀毛”之称。

**2.生产特性**。高邮鸭具有潜水深、耐粗饲、觅食力强、生长速度快、容易育肥、肉质好、适应性好等特点，尤其以善产双黄蛋而驰名中外，蛋壳呈白色或绿色，双黄蛋占产蛋总数的千分之三左右，当年饲养的早春鸭能产少量三黄和四黄蛋。高邮鸭母鸭180~210日龄开产，年产蛋200枚左右，平均蛋重80克，种蛋受精率和孵化率均在90%以上。56日龄体重可达2.5公斤，成年公鸭体重3~4公斤，母鸭2.5~3公斤。

**3.推广利用**。高邮鸭由于品种优、效益高，深受广大养殖户的喜爱，我国山东、福建、吉林等20多个省市和地区，还有菲律宾、坦桑尼亚等国家都曾先后引进高邮鸭品种。（江苏 乔龙山）

## 优质耐寒中小型特色鹅种
## ——伊犁鹅

### 一、形成与分布

伊犁鹅由野鹅驯养而来，距今已有200余年的历史。

新疆伊犁、塔城地区沿河流两岸的居民，在春季孵化期间，常有人到芦苇滩中捡拾野鹅蛋孵化和捕捉幼鹅来驯养。经过长期的繁殖、培育，形成了今天的伊犁鹅。

伊犁鹅是一种耐粗放饲养、耐寒、产绒多的中小型鹅种，有一定的飞翔能力，主要产于伊犁和塔城地区，多散养于民间，在阿勒泰也有少量分布。

## 二、特征特性

1.外貌特征。伊犁鹅头上无额瘤，颌下无肉垂，颈细而长，胸宽广而凸出。背宽而平，体躯呈扁平椭圆形。腿短粗，羽毛紧贴体躯，翼尾较长。眼睑为橘红色，眼蓝灰色。嘴为黄褐色，少数为棕黑色，嘴扁平，趾、蹼、胫为橘红色或杏黄色。羽毛分褐色、褐白色和白色三种。

2.体尺与体重。伊犁鹅的胸宽大于胸深和骨盆宽，翅长超过60厘米，尾长超过18厘米。母鹅胸围、颈围大于公鹅，其他体尺一般公鹅大于母鹅。

根据人工孵化测定，伊犁鹅初生重为61.5~97.2克，平均78.7克。雏鹅在放牧条件下，4月龄时公鹅体重3.7公斤，母鹅3.4公斤，已接近成年鹅体重。一般成年公母鹅体重分别为4.29 ± 0.07公斤和3.53 ± 0.06公斤。

## 三、生产性能

伊犁鹅的主要产品是鹅肉、鹅油和鹅绒，产蛋不多，主要用以繁衍后代。

1.产蛋性能。伊犁鹅一般在春季繁殖季节产蛋，每年的3~4月份为产蛋盛期。在产蛋期每隔一天产蛋1枚。初产鹅年产蛋5~6枚，最高9枚；经产鹅年产蛋15~16枚，最高20枚以上。第六年以后逐渐下降，第十个产蛋年与第一个产蛋年的水平相似。蛋的重量平均为153.91 ± 0.52克。蛋为椭圆形，蛋壳颜色为乳白色。

2.产肉性能。伊犁鹅一般不进行肥育，通常利用夏、秋季的丰盛牧草充分放牧，直到10~11月份，此时幼鹅已肥壮，即可屠宰。有的养鹅户习惯在幼鹅生长后期将鹅围起来，限制活动，喂给谷物饲料，进行短期育肥，一般育肥15天可增重1.52公斤，屠宰率为72%，育肥期增重的料肉比为3∶1左右。

3.产绒性能。每只成年鹅羽毛重240~350克，平均288克，其中绒毛占77.43%，尾、翼占22.57%。一般6~7只鹅的绒即可制成一个民族式的枕头。

4.繁殖性能。伊犁鹅的繁殖季节性很强。一般当年孵化的雏鹅，翌年春季母鹅开始产蛋，公鹅有性行为，性成熟期为10月龄左右。一般在每年2~3月份发情配种，公、母鹅配比一般为1∶（2~4），平均为1∶3。母鹅每年就巢一次。每年春季母鹅常选择安静、干燥、光线较暗处衔草做窝，开始产蛋，产完最后1枚蛋便开始抱窝孵化。一只母鹅可孵8~10枚蛋，一般不超过13枚。孵化期为30~31天，在此期间，公鹅常守候在周围，不肯远离。

伊犁鹅寿命较长，可活30多年，利用年限较久。公鹅3龄以上配种能力最强，一般多养至6~7龄；母鹅3龄以上者为好，产蛋多，孵育力强，以6~7龄更换为宜。

**四、饲养管理**

伊犁鹅春、夏、秋三季以放牧为主，春季孵出的幼鹅放牧至秋末冬初，除少数留种外，全部屠宰，入冬后每户只留2~5只母鹅和1只公鹅，并转为舍饲。饲料以青干草为主（每只鹅约需40~50公斤），补饲一些玉米、麸皮等精料。白天在舍外活动，吃雪代替饮水，夜晚宿于窝内。伊犁鹅耐寒性很强，冬季也有在舍外露宿越冬的。在无雪期，大、小鹅均在野外田间自由采食牧草或作物遗粒，无须管理和饲喂，只有个别养殖户在傍晚给予少量补饲。（新疆伊犁州畜牧局畜禽改良总站　乃比江）

# 地方鹅优良品种——荣昌白鹅

荣昌白鹅产于重庆市荣昌县，广泛分布于平坝和丘陵水稻产区。荣昌白鹅属中国白色鹅种的优良鹅，具有生长快、肉质好、耐粗饲等特点。

**一、外貌特征**

荣昌白鹅体躯呈椭圆形，全身羽毛洁白，喙、肉瘤、胫、蹼呈橘红色，虹彩蓝灰色。公鹅体形较大，头颈稍粗，额部有一呈平圆形的肉瘤，好斗，叫声高而洪亮，体重4.4~5公斤。母鹅体形略小，体重4.3~4.9公斤，头清秀，颈细长，肉瘤不明显，性情温驯，叫声低而清脆，腹部有少量不太明显的皱褶，俗称“蛋包”。

**二、生产性能**

1.生长性能。荣昌白鹅生长速度快，初生重70克左右，21日龄为310克左右，30日龄为800克左右，60日龄2500克左右，90日龄3500克左右，以后增重速度减慢，5月龄达体重最高点，一般补饲精料的料肉比为1.4：1。

2.产肉性能。荣昌鹅肉质较好，营养丰富，肌肉纤维较粗，脂肪含量适中，胆固醇含量低，蛋白质含量高达18%，赖氨酸含量丰富。经过育肥屠宰，全净膛率公鹅79%、母鹅73%，加工成食品后，颜色红亮，肉香味美。

3.产蛋性能。该品种在农户粗放饲养条件下年产蛋60~80枚，平均蛋重146克，蛋壳白色，蛋形椭圆，蛋料比为3.5：1。

4.繁殖性能。荣昌鹅成熟较早，母鹅200日龄开产，5~6月份达产蛋高峰，种蛋受精率85%，孵化率84%左右，1只母鹅可提供雏鹅50只左右。种鹅在第二年和第三年产蛋最高，可有效利用3~4年，公、母鹅配种比例为1：（4~5），母鹅无就巢性，28日龄的雏鹅存活率为95%。由于荣昌白鹅抗逆性极强，目前广泛用于杂交繁育，是理想的母本品种，其杂交效果极为显著。

5.产肥肝性能。成年鹅填饲3~4周，肥肝平均重344克，肝料比为1：42，多数采用杂交方式生产肥肝。

6.产羽绒性能。荣昌白鹅全身白羽，羽绒质量较好。活鹅人工拔毛，一年可拔3次，每次可拔绒毛80克左右。活鹅拔毛毛的蓬松度好，不含杂毛，飞丝少，深受羽绒加工商欢迎。屠宰后拔毛每只可产毛150克左右，产绒60克左右。夏秋育肥鹅含绒低，绒絮短，越冬后的鹅绒质量最佳，利用价值极高。（重庆市荣昌县观胜种养研究会　唐跃富）

## 介绍四个国内外著名的鹌鹑良种

1.日本鹌鹑。日本鹌鹑是世界著名的标准蛋用型鹌鹑培育品种。该品种是由日本的小田厚太郎利用中国野生鹌鹑经15年的驯化育成，是鹌鹑种的重要基因库。日本鹌鹑羽毛栗褐色，头部黑褐色，中央有淡色直纹3条，背部赤褐色，均匀散布着黄色直条纹和暗色横纹，腹羽色泽较浅。性成熟后的公鹌鹑脸部、下颌、喉部为赤褐色，胸羽偏红色；性成熟后的母鹌鹑脸部淡褐色，下颌灰白色，胸羽浅褐色并分布有似鸡心状的粗细不等的黑色斑点。日本鹌鹑具有体型小、耗料少、性成熟早、产蛋量高的特点。初生雏鹑6～7克，成年公鹑重110克左右，母鹑重140克左右。日采食量25～30克/只。35～40日龄开产，每年产蛋250～300个，蛋重约10.5克，平均产蛋率可达80%以上，产蛋最高纪录达450枚。种蛋受精率75%～80%，受精卵孵化率70%～80%。

**2.朝鲜鹌鹑**。朝鲜鹌鹑俗称花鹌鹑，是由朝鲜对日本鹌鹑分离选育而成的蛋用型鹌鹑良种。引入我国后，经北京市种禽公司种鹌鹑场多年封闭育种，其均匀度与生产性能均有较大提高，目前已成为我国养鹑业中蛋鹑的当家品种。其体型大于日本鹌鹑，羽毛与日本鹌鹑相似，成年公鹌鹑体重125～130克，母鹌鹑重约150克（体型大的重达160～180克）。母鹌鹑40日龄开产，年产蛋270～280个，平均蛋重12克，蛋壳有斑块或斑点。肉用仔鹑35～40日龄体重达130克。

**3.中国白羽鹌鹑**。中国白羽鹌鹑系采用朝鲜鹌鹑的突变个体——隐性白色鹌鹑，由北京市种鹑场、南京农业大学、北京农业大学等单位经过7年的反交、筛选、提纯、纯繁等工作培育而成。其体型略大于朝鲜鹌鹑。初时体羽呈浅黄色，背部有深黄条斑。换羽后即变为纯白色。其背线及两翼有浅黄色条斑。经检测，表明该白羽品种纯系为隐性基因。

中国白羽鹌鹑，成年公鹑体重145克，母鹑体重170克，开产日龄45天，年平均产蛋率80%～85%。年产蛋量265～300个，蛋重11.5～13.5克。产蛋性能明显超过同期朝鲜鹌鹑。

**4.南农黄羽鹌鹑**。南农黄羽鹌鹑属隐性黄羽类型，是由南京农业大学种鹌鹑硕士研究生岳根华发现并培育而成。南农黄羽鹌鹑为自别雌雄配套系中父系父本，与以朝鲜鹌鹑为母系母本杂交，其子一代可根据胎毛色彩自别雌雄。

南农黄羽鹌鹑成年公鹑体羽淡黄色，夹杂些褐羽丝纹，体重130克；母鹑体羽亦为淡黄色，体重160克，6周龄左右开产，年平均产蛋260～300个，高峰期产蛋率达90%以上。蛋重11～12克，蛋壳色同朝鲜鹌鹑。

该品种适应性广，成活率高，耐粗饲，生产性能稳定，已推广到全国25个省、直辖市、自治区，享有较高声誉，深受引种户欢迎。（江苏　林其騄）

## 推荐四个国内外名优肉用鸽种

**1.卡奴鸽**。卡奴鸽又名加奴鸽、赤鸽，为养鸽界所喜爱的名鸽，是主产于比利时之南和法国之北的中级食用鸽，19世纪才传入美洲、亚洲各国。此鸽的最大特点是多产肥美的幼鸽，每对亲鸽年产可高达14只乳鸽，每只可重达500克以上。

饲养卡奴鸽成本低、产量高，容易获利。有经验的食家也多喜欢吃卡奴幼鸽，原因是其肉厚脂肪少，结缔组织丰富。

卡奴鸽的体型酷似筋斗鸽及王鸽，结实雄伟，有挺拔之姿，体轻似燕，飞飞停停，喜欢在地面觅食或玩耍，粗颈短翼，阔胸矮脚，嘴尖头圆，尾巴斜向地面。

卡奴鸽也有称田舍鸽的，有些似印度的哥拉鸽，在田间找食。哥拉鸽性喜远牧，并能周而复始地将嗉囊中的食物吐出来重新吞咽，但卡奴鸽只爱饱食一次再待明天。

卡奴鸽的眼睛很小，没有眼睑，永远是黄色的彩虹，羽毛光鲜艳丽，羽装紧密，就巢性特强，育雏性能也非常强，受精孵化率高，育雏一窝紧接一窝，不停哺雏，即使充作保姆鸽也能一窝哺3只，被公认为模范亲鸽和餐桌上品。法国养鸽界将它兼作展览及观赏鸽，其最名贵的羽毛为红色和黄色。美国鸽协认为卡奴鸽的标准羽色有3种，即纯红、纯白、纯黄，或者3色混合者也可，而其他羽色如黑色、褐色均不合规格，因为其他羽色乳鸽的屠体皮肤呈黑色，不受食用者欢迎。

红色卡奴鸽原产地是法国和比利时，是欧洲著名的肉用鸽，深受养鸽者和消费者的厚爱。

白色卡奴鸽是美国棕榈鸽场于1915年开始培育，1932年育成的。它是利用法国和比利时红色带有较多白色羽毛的卡奴鸽，与白色贺姆鸽、白色王鸽和白色仑替鸽等杂交育成。美国成立了卡奴鸽协会，宣布卡奴鸽的标准体重：成年鸽为600~750克，乳鸽为550~600克。

**2.仑替鸽**。仑替鸽是鸽中的巨无霸，是目前肉用鸽种中体型最大、体重最重的鸽种，成鸽体重可达1588.8克，鸽界人士形容它体大如母鸡。它几乎不能飞翔，性情很温顺。西班牙的仑替鸽比意大利的体型稍大，英国将西班牙仑替鸽同意大利仑替鸽杂交后，又输入到美国。因此，现代很多肉用鸽如大型贺姆鸽、法国蒙腾鸽和瑞士白蒙腾鸽等，均有仑替鸽的血统。

仑替鸽的祖先是蓝色大石鸽，体质健壮，德国称之为罗马之鸽，由德国引进再移入英美，在美国改良为大型仑替鸽。美国有大仑替鸽协会，规定了大仑替鸽的标准，成年公鸽体重1400克，母鸽1250克；青年公鸽1200克，母鸽1150克。体长从嘴到尾部为53.3~55.9厘米，胸围38.1~40.6厘米，平头大脚，胸部突出，体型短，呈方形，翅和尾均较短，性情安静，年可产蛋8窝左右，有白、灰、棕、黑几种羽色。由于其体型过大，孵化时常压破蛋。4周龄大的仑替幼鸽和大贺姆鸽、王鸽、卡奴鸽及瑞士蒙腾的幼鸽不相上下，但到成鸽后，仑替鸽的发育就扶摇直上，而王鸽和大贺姆鸽仅在乳鸽期发育较快，过后就与仑替鸽无法比拟了。

实践证明，倘若吃成鸽，以仑替鸽更划算，如生产商品乳鸽，当然以饲养肉用贺姆鸽、王鸽、卡奴鸽等品种为宜。仑替鸽除了供展览和玩赏外，最大的用处就是做种鸽，利用其体型大的优良基因与其他种鸽配种，培育新的鸽种，以仑替鸽育成的贺姆、马耳他、卡奴等品种，既肥且美，生产性能高，为食用鸽市场所渴求，当今养鸽界莫不首推仑替鸽为最佳种用鸽，养鸽场可多研究仑替种鸽的培育与改良方法，做好鸽场品种选育和改良，培育适合商品生产需要的新鸽种。

**3.波兰山猫鸽**。波兰山猫鸽是波兰摩利维亚附近的奇利牛城出产的鸽子，在德国育成，是远近驰名的食用鸽。鸽界人士谈起波兰山猫鸽无人不知，全欧洲的菜馆和养鸽人家都爱吃山猫乳鸽。山猫乳鸽个大，肉味鲜嫩甘美，成鸽多产，繁殖性能很理想，成年鸽体重可达588~644克。

该种鸽可分为蓝山猫（或黑山猫）及闪金山猫两种，其特征是挺胸。德国改良闪金山猫鸽把后头反生的羽毛变成平头、光胫，羽毛有灰、黑、红、黄等。该鸽也可用作观赏鸽。

**4.杂交王鸽**。杂交王鸽也称香港杂交王鸽和东南亚王鸽。主要是香港及台湾养鸽者利用王鸽和石岐鸽或肉用贺姆鸽杂交的后代，其体型介于王鸽和石岐鸽之间，比美国商品型王鸽稍小，体重也稍轻。杂交王鸽的羽毛颜色多种多样，有白色、灰色、红色、黑色、蓝色、棕色和杂色等。香港地区多饲养这种杂交王鸽，目前广东、广西、福建、湖南、北京、上海等地都养有大量的杂交王鸽。杂交王鸽的体重适中，1龄成鸽体重：公鸽650~800克，母鸽550~700克。4~6月龄留种鸽平均体重可达650克，其后代乳鸽生长较快，2周龄乳鸽毛重400~450克，3周龄以上乳鸽毛重550~650克，其全净膛重为350~400克。杂交王鸽的繁殖性能也较好，每对种鸽年产乳鸽可达6~7对。杂交王鸽的市场价格较便宜，因此，杂交王鸽适宜于生产商品乳鸽，供应国内和港澳地区人民肉食的需要。但是，杂交王鸽的遗传不稳定，体型和毛色不一，在生产过程中易发生品种退化，必须不断进行选育，才能留做生产鸽。（江西　金玉国）

## 养殖价值极高的经济鱼类——欧亚鲈

欧亚鲈为鲈形目鲈科的一种重要经济鱼类，又称河鲈、赤鲈、五彩斑、五道黑等，广泛分布于欧洲及亚洲北部冷温带。我国仅新疆北部额尔齐斯河流域及乌伦古河流域有自然分布，以前天然产量较大，近年来因过度捕捞和种群退化已近消失。另外，因为营养价值高，人们对欧亚鲈的市场需求越来越大，致使其价格居高不下，因此对其进行引种驯化和规模化人工养殖势在必行，前景看好。现将欧亚鲈的生物学特性介绍如下：

**1.形态特征**。欧亚鲈体侧扁，长椭圆形，尾柄较细。头小，吻钝，口端位。下颌比上颌稍长，上颌骨后端达眼的下方，上下颌及口盖骨上均有细齿。前鳃盖骨后缘有许多小锯齿，后鳃盖骨后缘有1根刺。两背鳍略分离，第1背鳍为8~16根硬刺，其中第4根最长；第2背鳍为3根硬刺和13根软鳍条，以第1、2根鳍条最长。胸鳍侧位而较低，腹鳍胸位，尾鳍浅叉形，两叶末端圆。其体为棕褐色，有7~9条黑色横斑、腹部白色。背鳍浅灰黄色，第1背鳍后部有1个大黑斑，胸鳍浅黄色，臀鳍、腹鳍及尾鳍为橘黄色。

**2.摄食习性**。欧亚鲈为肉食性鱼类，在自然条件下，幼苗期以轮虫、枝角类、桡足类等浮游生物为主要饵料，有时也摄食水生昆虫和小型甲壳动物等。成鱼由于体积庞大、口阔，无法捕食到水中的微生物及藻类，主要以小型鱼虾类为食。欧亚鲈春、夏、秋季摄食旺盛，摄食量大，当水质良好、水温在20~25℃时，幼苗期摄食量可达体重的1/3，成鱼有时可达1/5，冬季大部分时间也不停食。

**3.繁殖习性**。欧亚鲈在原产地有时需5冬龄才性成熟，但在不同水域中其性腺成熟期差别很大。新疆额尔齐斯河地区雌性欧亚鲈最小成熟年龄为2~3冬龄，雄性则在1~2冬龄，在浙江甚至仅需1年时间通过催产就能繁殖出下一代。

据现有资料显示，该鱼性腺发育年周期中具有2个快速增长期和2个低速延缓期，繁殖季节大约在每年的4月下旬至5月上旬。但根据我们研究发现，决定其性腺发育快慢的最重要因素是温度，通过温度调控，可以人为调节其产卵时间。在产卵的选择上，丰水期该鱼一般在水草丛或被淹没的灌木丛中产卵，枯水期则偏爱在沙砾质的江、河、湖底产卵。其卵呈黏性，淡黄色，由黏膜联成带状附于水草上。水温15℃左右时，受精卵孵化期为1周。鱼苗5月上旬出现，5月下旬大量出现。通常每尾体长在14~17厘米的亲体平均怀卵量在1.2万~3万粒，卵径较小，约为2毫米。（浙江　王燕杰　朱炳全等）

## 推荐两个高档野生经济鱼类

**1.岩原鲤**。岩原鲤属鲤形目鲤科原鲤属，俗称岩鲤，主要分布于长江上游干支流。在长江上游渔业中，属经济价值较高的鱼类。岩原鲤产量不高，但它具有体腔小、肉厚质嫩、味鲜美等优点，为人们所喜爱，属中型的上等经济鱼类。

岩原鲤体侧扁呈菱形，背部隆起呈弧形，腹部圆。头小呈圆锥形，吻较尖。口亚下位，呈马蹄形；唇厚，唇上有不大明显的乳头状突起，小鱼则完全没有。有须2对，后对比前对略长。鱼眼径约等长，眼大。侧线平直，侧线鳞43~45个。背、臀鳍刺均特别强壮，后缘有锯齿。背鳍外缘平直，基底长，分枝鳍条为18~21；背、腹鳍起点相对。胸鳍长，末端达腹鳍起点。头部及体背部深黑色或黑紫色，略带蓝紫色光泽，腹部银白。每一鳞片的后部有一黑斑。尾鳍后缘有一黑色的边缘。在生殖期间，雄鱼各鳍为深黑色，头部有珠星。

岩原鲤大多栖息在江河水流较缓、底质多岩石的水体底层，经常出没于岩石之间，冬季在河床的岩穴或深沱中越冬，立春后开始溯水上游到各支流产卵。最小成熟年龄为4龄，产卵期在2~4月，产卵盛期在2~3月，秋季8~9月也有产卵的亲鱼活动。产卵场一般分布在支流急滩下、底质为砾石的二流水中。卵淡黄色，卵产出后黏附在石块上发育。生长速度较慢，一般4龄鱼才达0.5公斤左右；10龄鱼的体长为59厘米，体重4公斤；常见个体为0.2~1.0公斤，据记载最大个体可达10.0公斤。岩原鲤虽为杂食性鱼类，但较喜食底栖动物，其主要食物为摇蚊幼虫、蜉蝣目和毛翅目幼虫、寡毛类、小螺、蚬、淡水壳类等软体动物，其次是腐烂的高等植物碎片，偶尔亦食少数浮游动植物。冬季停止摄食，3~4月开始摄食增高，7~8月则大量摄食。

近年来长江上游支流筑坝闸，阻隔了岩原鲤迁徙至产卵场的通路；再者高强度捕捞，尤其是大规模的电捕，对其资源的破坏极为严重；加之沿江工厂污水排放造成水质恶化等致危因素影响，而本种鱼类生长速度较为缓慢，群体得不到及时补充，故野生群体正趋于逐年减少。

为保护这一优良野生资源，根据岩原鲤的自然生活习性，改建生态模拟池，将岩原鲤过渡暂养，再转入专养池驯养，驯养成活率显著提高。通过人工调控，使孵化水温保持在22~24℃的范围内，大大提高了孵化效果，创造性地解决了孵化率低的关键问题。驯养成活率、催产率、孵化率、鱼苗成活率可分别达到85%、85%、75%、85%以上。

2.鲈鲤。鲈鲤属鲤形目鲤科鲃亚科鲈鲤属。该品种体略侧扁，头较大，前端较尖，头背面平而宽，头后背部隆起。口亚上位，斜裂，下颌突出。须2对，吻须略短于颌须。鳃裂大，两侧鳃膜联于鳃峡处极接近。背鳍刺弱，后缘具细齿。鳞较小，胸、腹部鳞更小，浅埋皮下，侧线略下弯。体背面青灰色，侧面及腹部白色；体侧鳞绝大部分有一黑色边缘，因此联成体侧整齐的直条纹，头、背部有分散的小黑点；背鳍、胸鳍、尾鳍微黑。

鲈鲤主要分布于宜昌以上的长江上游的干支流中，西江流域、南盘江等水系。鲈鲤的另一个亚种——花鲈鲤俗称花鱼，分布于云南省南盘江水系和抚仙湖。花鲈鲤与鲈鲤的形态区别在于：体侧有许多分散的黑色斑点，不组成直行条纹，腹鳍末端至臀鳍起点间的距离小于吻长。

鲈鲤幼鱼多在支流或干流的沿岸，成鱼则在敞水区水体的中上层游弋，行动迅速，为凶猛性鱼类，专门猎食小型鱼类。3冬龄鱼达性成熟，生殖期约在6月间，产卵地点都在上游的急流水中。

鲈鲤是产区的大型经济鱼类，长江上游产量相当大，常见体重0.5~1公斤，最大达15公斤。肉可供药用，有祛痰、止血、镇静的功效，主治急、慢性支气管炎，胃溃疡出血，咯血，衄血，子宫出血，癫痫，失眠，月经过多等症。

养殖鲈鲤要求水体的溶氧要高，水质清新，底栖动物比较多。在饲养时有一点要注意，就是鲈鲤的生长温度最好在

11~17℃之间，因这时它摄食最旺盛，生长最迅速。（江西 殷红梅）

## 优质野生经济鱼类——大鳍鳠

大鳍鳠俗称江鼠、石胡子、牛尾巴、罐巴子，是分布在我国长江、珠江水系干流及其支流的优质野生经济鱼类。

大鳍鳠体长，背鳍前平扁，尾部侧扁。头宽且平扁，口宽阔，亚下位，呈弧形。上颌略长于下颌，上、下颌均具绒毛状齿带。前后鼻孔分离，后鼻孔有鼻须。须4对，稍扁而长；鼻须末端达于眼；上颌须最长，末端超过胸鳍末端；颐须较短，外侧颐须长于内侧颐须，外侧1对末端可达或超过胸鳍基起点，内侧1对约与鼻须等长。眼小，眼间隔宽且平。鳃孔宽阔，鳃膜不与峡部相连。肩骨显著突出于胸鳍之上。在生长过程中，体后半部增长较快。背鳍起点约在体前1/3处，硬刺短而光滑，末端柔软。胸鳍具粗壮硬刺，后缘锯齿发达，前缘则锯齿细小。腹鳍距臀鳍远。脂鳍特别长而低，后缘不游离，略斜或截形，与尾鳍相连。尾鳍分叉，上叶略长。体裸露无鳞，侧线平直。体呈灰黑色，背部色深，腹部色浅，体或有散在的细小斑点。背鳍、臀鳍、尾鳍灰白色，其边缘灰黑色。

大鳍鳠为底栖性鱼类，白天多栖息于水流较急、底质多石砾的江河干、支流中，喜集群。夜间觅食，食性为肉食偏杂食，在自然界中主要以底栖动物为食，如螺、蚌、水生昆虫及其幼虫、小虾、小鱼等，偶尔也食高等植物碎屑及藻类。6~7月在流水滩产卵，卵黏附在岩石上进行发育。

大鳍鳠一般个体重0.5公斤左右，最大个体可达5公斤。其肉质细嫩，味极鲜美，为常见的食用野生鱼类。由于长期的过度捕捞，加上工厂排污造成鱼类生活环境的污染和破坏，使其野生资源大幅下降，促使市场销售价格逐年上升，近年达80～140元/公斤。为了保护资源和满足市场需求，必须大力开展对野生大鳍鳠的人工养殖开发。（贵州　彭强　张宗慧）

## 小型观赏鱼——斑马鱼

斑马鱼又名蓝条鱼、花条鱼，隶属于鲤科，原产于印度及孟加拉国等。斑马鱼体形娇小，为小型观赏鱼类。成年斑马鱼体长4~6厘米，体呈纺锤形，身体背部橄榄绿色，体侧从头至尾有数条银白色与蓝色相间的条纹，像斑马的斑纹，故名斑马鱼。臀鳍处也有与体色相似的条纹，但颜色比较浅。根据鳍的长短，可分为长鳍斑马鱼及短鳍斑马鱼。斑马鱼色泽鲜艳，现有多个色泽各异的新养殖品种，是饲养最广泛的观赏鱼之一。因其性情温和，易饲养，繁殖能力强，是初学饲养热带鱼者的首选品种。

斑马鱼性情温和，好动，几乎终日在水族箱中不停地游动，但不好斗，可与各种不好斗的品种混养。斑马鱼容易饲养，不挑食，活饵及干饲料都喜欢摄食。雄鱼鱼体修长，体偏黄色，臀鳍为棕黄色，腹部较窄，活泼好动；雌鱼体肥胖，体色偏蓝色，臀鳍为淡黄色，腹部膨大，活动时摇摇摆摆，性成熟后特别明显。

斑马鱼对水质要求不严，既耐寒又耐热，适应水温为10~35℃，适宜生长水温为20~28℃，对水质pH值要求在6.5~7.5之间。

斑马鱼为卵生鱼类，4月龄开始性成熟，繁殖力强，不分季节，当水温达22℃时即可开始繁殖。

亲鱼要选体长4厘米以上，虽然4月龄即可繁殖，但还是以6月龄以上的为好，另外亲鱼要体质健壮、无病、有活力。亲鱼选好后，要为它们创造良好的生长环境，保持水质清新，投喂营养丰富的饵料，如红虫、水蚯蚓等，搭配适量人工饲料。

斑马鱼亲鱼有吞食鱼卵的习惯，所以要在鱼缸底部铺放一层卵石以防止亲鱼吞食鱼卵。

繁殖时可用大小为40厘米×25厘米×25厘米左右的鱼缸，在缸底铺放一层卵石，最好在卵石上再放一层网（网眼大小约为3毫米）。放入经过处理的干净的水，水温调至25~28℃。（江西应文婷）

## 高档观赏食用鱼——地图鱼

地图鱼学名眼斑星丽鱼、俗名猪仔鱼，属鲈形目，丽鱼科，星丽鱼属。原产南美洲的巴西亚马孙河流域和圭亚那、委内瑞拉境内。

**1.外形特征。**地图鱼是一种较大型的观赏鱼，原产地条件下体长可达35厘米。体呈椭圆形，头大，嘴大。背鳍基部很长，起自胸鳍上方背部直抵尾柄，鳍条前部是锯齿状短硬棘，后部软鳍条较长，背鳍与臀鳍对称，鳍末端略圆。腹鳍胸位，鳍端尖条形。尾鳍后缘圆形。体色基调乌黑或黑褐色，散布着不规则的橙黄色斑块，间镶红色条纹，呈地图状而得名。尾柄基部有圆形黑斑，其外围有金色环，闪闪发光似星，故又名星丽鱼。

**2.生活习性。**地图鱼虽然平时游动迟缓，色彩单调，但它们对人类却很有感情。当人走近鱼缸时，它们会立即向人的方向游来，以示欢迎。地图鱼寿命较长，可以活10年以上，是一种优质的观赏鱼品种。

地图鱼对水质要求不严，在弱酸性、中性和微碱性水中都能正常生活。生长适宜水温22~30℃。要求水中溶氧量比较高。喜食动物性活饵料，属肉食性凶猛鱼类，既吃小鱼虾，也能食猪肉等碎块，所以决不能和小型鱼混养。地图鱼虽然体态粗笨，但游泳快速，反应敏捷，捕食机灵准确。当饱食后或处在拥挤的不良环境下，它便懒洋洋地侧卧打盹如猪，因而有猪仔鱼之称。地图鱼食量惊人，生长快速，只要投饵充足，水域水质条件好，当年至少可长到16厘米以上。长大成熟后的地图鱼，硕大肥壮可食，其肉味香、鲜美，是一种有开发价值的高档食用鱼。

地图鱼对光照比较敏感，又经各地不断地人工繁殖和培育筛选，其体色斑纹现已发生变化，有白地图鱼、红地图鱼、黄地图鱼等。白地图鱼全身米白色，间有浅黄色斑纹，尾星为红色环包围。红地图鱼全身鲜红色，鳍边呈不规则白边。黄地图鱼全身橙黄色，头背部和各鳍有不规则的黑斑。红花地图鱼在褐黑色的体上散布着红色花纹与斑点。如将地图鱼放入水库网箱中饲养，其花色还大为丰富美丽，尾星亮丽，出现率多。体色有灰蓝、灰黄、紫黄、紫红、紫绿、猩红、绿红(前面的字为前上身色彩，后面的字为后下身色彩)等。投喂特制的配合饲料，地图鱼也肯摄食，在水库网箱中饲养的地图鱼，生长快速，成活率高。

**3.繁殖特点。**地图鱼10月龄到1年以上，体长达18厘米左右，性成熟。雄鱼头略高，斑纹色泽鲜艳，鳃盖处的黄色斑块闪闪发金光，尾星亮，背、臀鳍末端尖形稍长；雌鱼体幅较宽，腹部膨大，色泽不如雄鱼。1尾雌鱼产卵可达1000粒以上。受精卵经2~3日孵出仔鱼。（广州　刘超）

# 技术篇

JISHU PIAN

# 提高母猪繁殖率的有效措施

## 一、选好品种

目前我国外来优良猪种主要有长白、大约克、杜洛克和皮特兰等猪，湖南省的地方优良猪种主要有砂子岭、大围子、宁乡、桃源猪等。不同品种或品系间杂交所产生的第一代，比其双亲具有较高的生活力和生长强度，这就是杂交优势。我们可以选用瘦肉率高、生长速度快的长白公猪和大约克母猪杂交生产出“长×大”二元杂交母猪，其母性好，繁殖力强，窝产崽12头左右，泌乳性能好，瘦肉率达65%，是生产商品猪的优良母本，公猪可选择杜洛克，这样生产出纯正的洋三元猪（杜×长×大）增重快。同时也可以选用本地猪种作母本，与长白、大约克公猪杂交所得长×本二元母猪再用杜洛克公猪作父本生产出（长×大×本，杜×长×本，杜×大×本）三元杂交商品猪，这种杂交猪，适应性强，饲料报酬高，达（2.8~3.0）：1，可以大大缩短育肥期，从出生到出栏150天，体重可达90公斤，能降低养猪成本，提高经济效益。

## 二、控制膘情

母猪过肥产崽数少，成活少，体重小，不均匀，而且拉稀严重，奶水差。母猪过瘦胎儿发育不好，母猪产后很快消瘦，严重者发生产后瘫痪。控制膘情可以采用分阶段饲养的方式，为母猪的高产创造条件。母猪妊娠（114天）期，包括妊娠前期（配种至第一个月）、中期（怀孕2~3个月）、后期（怀孕的最后一个月）。配种前，从母猪断奶后2~3天到配种间给予母猪全价优质饲料，可以增加母猪的排卵数。妊娠前期，妊娠后的第一个月给予低营养水平的饲料每日每头1.8~2.2公斤，蛋白质含量每日每头不低于13%~14%。妊娠中期（妊娠第二个月到产前80天），这一时期母猪食欲增加，新陈代谢机能旺盛，饲料利用率提高，可以给营养水平中等的饲料，14%~15%的蛋白质含量，每日每头2.5公斤。妊娠后期（80~107天）胎儿体重、体长增长极为迅速，约占新生重的2/3，这时要给营养水平高的饲料每日每头3公斤，粗蛋白质含量16%~18%。这样，对控制母猪膘情、增加产崽数、促进保胎及提高新生仔猪体重能起到很大的作用。

**三、适时配种**

小母猪第一次配种的月龄应该在7~8月龄，体重约110公斤。掌握适时配种是提高经济效益的关键。

1.发情鉴定。母猪发情时，行为不安，爬跨其他母猪或被其他母猪爬跨，频频排尿，外阴红肿，此时并不是配种的最好时机。当母猪外阴红肿消退，黏液拉丝，压背反射明显，或有耳动反射或尾根颤动，四肢挺直、摆出待配的姿势，此时为配种的最佳时机。

2.配种的时间和次数。成年母猪的发情排卵时间为发情开始后的24~36小时，高峰在31小时左右，排卵的持续时间为8~10小时。卵子在体内保持受精能力的时间是8~12小时，精子进入母猪体内授精能力一般可以维持10~15小时，输精后精子的前进速度大约为2~3小时到达输卵管的受精部位。所以，我们在母猪发情后24小时开始首配，间隔10~12小时复配。

**四、早期断奶**

仔猪出生28~30天断奶，这样可以保证一头母猪年产2~2.5窝，而且早期断奶后的母猪5~7天绝大多数可以发情配种，受胎率在90%~95%之间。

## 五、淘汰更新

对老、弱、病、残和低产母猪应及时淘汰更新，一般年淘汰率为母猪群的25%~30%，并且及时补充后备母猪，保证猪群中母猪老20%、中60%、青20%的合理比例。

## 六、疫病防治

机能性繁殖障碍：包括卵巢发育不全、卵巢囊肿、持久黄体和卵泡发育障碍。此类疾病可通过促黄体素、前列腺素、毛膜促性腺激素、孕马血清等激素进行对症治疗。

疾病性繁殖障碍：猪瘟可以引起怀孕母猪流产，流产的胎儿水肿，表皮出血等。预防主要是选用优质的兔化弱毒疫苗进行预防接种，后备母猪在配种前30天、经产母猪在断奶时肌肉注射2头份（细胞苗3头份/头），一年保证2次。也可以用脾淋苗对种公猪、种母猪、后备猪每年免疫3次，肌注1头份/次，实行一刀切的办法。细小病毒可引起死产、流产、木乃伊。后备母猪配种前30天、15天各肌注1头份。伪狂犬病可引起死胎、木乃伊、流产、溺产。种公猪每年春秋各肌注1头份/头的伪狂犬病疫苗，后备母猪配种前（30天）接种1头份，怀孕母猪产前（30天）接种1头份。蓝耳病可引起呼吸繁殖系统综合征。公、母后备猪每年接种3次，1头份/头（勃林格）或按说明操作（国前苗）。乙型脑炎多发于秋季，或一、二胎青年母猪，以蚊虫叮咬传播为主，所以在每年蚊虫到来之前注射乙型脑炎疫苗，4~5月份皮下或肌肉注射1头份/头。

对于其他原因引起的中暑、中毒和物理性损伤，做好平时的预防保健性投药。养殖场内选备氟苯尼考、磺胺六甲、四环素类等抗菌药物和病毒唑、黄芪多糖、板蓝根等抗病毒药，以及三氮咪、苯尿咪唑、三甲氧苄氨嘧啶等抗原虫药物，并认真按说明书操作，严禁使用国家明文规定的禁用药物。（湖南　易检祥）

# 如何提高野猪仔猪成活率

野猪以其肉质醇香、鲜美和营养丰富而受到人们的喜爱，在北京、广东、福建野猪肉每公斤50~60元仍极为抢手。养野猪已成为中小投资者的首选项目之一。

**1.从产房抓起。**进入产房的母野猪必须全身淋浴消毒，产房用火焰消毒，确保母猪进入产房有个干净、舒适的环境。

**2.产前产后保健。**产前3天用平安混感10毫升一针对母猪进行保健，产后用头孢噻呋钠+鱼腥草注射液肌肉注射每天2次，连用3天。

**3.做好仔猪接产工作。**为预防仔猪脐带发炎，用头孢噻呋按说明使用3~4天。

**4.做好母猪护理。**只有管理好母猪才能不使仔猪拉稀且生长更快。应合理给予母猪有营养且易消化的全价饲料，增加青饲料及多汁饲料。分娩当天喂正常食量1/3的饲料，第三天后逐渐增加饲料量。如发现母猪无乳，应用中药催乳。催乳方：王不留行、天花粉各60克，当归10克，黄芪60克，僵蚕30克，通草40克，淘汰山鸡1只，红糖、生姜各50克，黑豆100克，糯米酒150克，水煮拌少量饲料喂1只母野猪，一天喂2次。

**5.仔猪7日龄时要开始补料。**一般情况下仔猪7日龄前死亡数占初生总数的60%左右，原因主要是：母野猪乳汁不足，仔猪吃不到初乳，使抵抗力下降，而导致腹泻、咳嗽。另外，地面粪尿会污染母猪乳头。有效防治措施是做高产床、保育网床。栏舍潮湿阴冷是导致仔猪下痢原因之一，做好仔猪保温是防止腹泻、咳嗽的关键，因此地板要垫木板并加红外线保温灯，以保证仔猪精神好、活泼。

**6.加强饲养人员的专业培训。**饲养人员应认真细心观察仔猪毛色、呼吸、精神状况、吃食是否正常，一经发现异常立即治疗。

**7.疫苗使用操作合理，用法、用量准确。**仔猪出生3日龄用伪狂犬疫苗滴鼻，30日断奶后肌肉注射猪瘟细胞苗7头份，母猪25头份。断奶后的前几天饲料里增加奶粉200克，每天2次，自由采食、自由饮水，保持室内干净、干燥，饲料中增加适口性的红糖、抗生素，预防拉稀。10天后转至断奶仔猪栏舍。60天做伪狂犬、猪瘟二免。（福建　张平）

## 奶山羊配种期的饲养技术

1.喂好种公羊。短期优饲，让种公羊恢复到种用体况。饲料中多加一些蛋白质饲料，以及优质青干草和多汁饲料，如果有胡萝卜，可以增加胡萝卜的喂量，每天喂2个鸡蛋（打碎放在饲料中）。对性欲不旺盛的公羊，可用地龙、淫羊藿各15克，混合后，研成末，一次灌服。

2.适时配种。母羊的年龄不同，配种时间也不同。俗话说：“老配早，少配晚，不老不少配中间。”老年母羊发情的持续时间短，在发情后，就要抓紧时间配种；青年羊发情时间长，配种时间可稍微推后；中年母羊发情时间长短适中，其配种时间应选在两者之间。

3.注意种公羊配种后的休息。种公羊每次配种后，都要让它至少休息两个小时，再进行第二次配种，不能在一天内让它连续配种多次，公羊不足或必须一天配多次时，可在早晨配2次，下午配1~2次。同时，加强种公羊和种母羊的运动，增加光照，保持圈舍内的卫生。

4.减少挤奶。对正在产奶的母羊，每天要减少挤奶的次数，或隔日挤奶，以刺激母羊早发情。

5.在母羊预定配种时间前15天开始给母羊诱情。把试情公羊拴在母羊舍内，或每天1次或早晚各1次把试情公羊放入母羊群进行诱情，发现发情母羊，即选出配种。

6.对屡次配种且总不怀孕的母羊，可连续12~16天给母羊注射孕酮，每次10~12毫升。随后1~2天再注射孕马血清促性腺激素800~1000国际单位，即可引起母羊发情和排卵。也可用益母草20克，加水适量，煎汁混合于荞麦面（或荞麦皮）200克中，一次灌服，一天1次即可。（辽宁　惠恩举）

## 提高母羊繁殖率的有效措施

**1.增加可繁母羊比例。**每年都要清理羊群，及时淘汰老龄羊和不孕羊，出栏不留种用的小公羊和小母羊，使可繁殖母羊的在群比例达到70%以上，可繁母羊所占比例越大，数量越多，对提高繁殖率越有利。

**2.加强饲养管理。**在配种前抓好夏秋膘、增加营养，提高配种前体重，可使母羊发情整齐，排卵数量多、质量好，提高配种率、受胎率和多胎性。在妊娠期尤其是妊娠后期加强饲养管理，可以降低母羊的流产率、死胎率和死亡率，羔羊初生重量大。加强哺乳期饲养管理，可使母羊泌乳力提高，羔羊生长发育快、成活率高。

**3.选留多胎母羊及其羔羊**。选留第1~2胎产羔多的母羊，其以后胎次的产羔率也比较高；再选留其所生的多胎羔羊留种，将来的多胎性也高。这是提高多胎性的重要途径。

**4.频密产羔**。对常年繁殖的母羊要缩短空怀期，使母羊间隔6~7个月产1次羔，1年产2次或2年产3次羔，可以提早给羔羊断奶，由4个月改为2~3个月断奶，使母羊早发情配种。还可以适当提早母羊的初配年龄，以使母羊一生的产羔数量增加。频密产羔是增加羔羊数量的有效方法，但对母羊和羔羊都必须加强饲养管理。

**5.导入多胎羊血液**。选择多胎品种的公羊与单胎品种的母羊配种，其所生后代具有多胎性，可以提高以后的产羔率。在同一品种内，用多胎公羊作种羊也有同样效果。

**6.药物催情**。应用生殖激素类药物，按照一定的程序对母羊进行处理，使之在预定的时期内发情。目前较为简单适用的方法是应用前列腺素类药物处理。

应用前列腺素进行发情处理的方法：一种是给母羊一次性注射PGF2a6~8毫克（或ICI80996 30~50毫克），注射后在72小时内会有50%~60%的母羊发情；另一种是在第一次注射后间隔11天以同等剂量再注射1次，能使同期发情的比例提高到80%以上（注射前列腺素会导致已怀孕的母羊流产，因此要特别注意防止给怀孕母羊注射）。

**7.药物促使超数排卵**。应用生殖激素（如孕马血清促性腺激素——PMSG，垂体促滤胞素——PSH及促排卵激素——HCG等）对良种母羊进行超数排卵处理，使其卵巢在一个发情周期能够排出比在自然状态下更多的成熟卵子，然后用良种公羊或冻精对处理过的母羊适时配种。

**8.适时配种和多次配种。**母羊发情持续期短，要适时配种，防止漏过情期。实践证明，在配种季节开始后1~2情期的配种受胎率最高，其所生羔羊的双胎率也高。一些高产母羊排卵数量多，但不是同时成熟排出，而是陆续排出，故要进行多次配种或输精，如采用重复交配、双重交配和混合输精，使所排出的卵子都有受精的机会，就可以提高产羔率。（河南　张海斌）

## 羊人工授精的几个技术问题

**一、种公羊的选择与管理**

1.种公羊的选择。种公羊应选择个体等级优秀，符合种用要求，年龄在2~5岁龄，体质健壮、睾丸发育良好、性欲旺盛的种羊。正常使用时，精子的活力在0.7~0.8以上，畸形精子少，正常射精量为0.8~1.2毫升，密度中等以上。

2.种公羊的管理。选派责任心强、有放牧经验的放牧员放牧，每天的放牧距离不少于7.5公里。种公羊要单独饲养，圈舍宽敞、清洁干燥、阳光充足、远离母羊圈舍。饲料应多样化，保证青绿饲料和蛋白质饲料的供给。在配种季节，每天保证喂给2~3个新鲜的鸡蛋（带壳喂给）。

3.种公羊的采精。种公羊在配种前一个月进行调教采精，排除体内的陈精，并增强产精能力。成年种公羊可以每天采精，需要时每天可采精2~3次，每次间隔在30分钟以上。

**二、试情公羊的管理**

试情公羊一般采用戴试情布或割断输精管的方法，试情羊本身健壮，性欲旺盛，无疾病。试情季节最好单独饲养。早晚各半小时放入母羊群试情，挑出发情母羊，适时输精。试情布要清洁。

**三、母羊的管理**

配种季节来临之前，及时做好羔羊断奶、母羊整群、预防接种、驱虫，进行短期优饲，使母羊膘情达到中等以上，这样可以多排卵，排出优质的卵，提高受胎率和集中发情率。母羊在进入发情季节后，第一个情期建议不要输精，实践表明，在第二、第三个情期输精受胎率要高于第一个情期。

**四、器械的准备和消毒**

人工授精所需的器械和药品应在配种季节前准备齐全，易损物品应有足够的储备。

器械消毒。实践证明，采精、输精器材不宜放入水中煮沸消毒，因为煮沸后器械表面会留有一些杂质，影响精液的品质。而蒸汽消毒可避免器械表面留有杂质的问题，蒸汽消毒应达到30分钟以上。

消毒方法也可采用红外线消毒、紫外线消毒和酒精消毒，但酒精消毒后应用生理盐水将器械冲洗干净。

**五、采精及精液的处理**

1.采精。采精前假阴道和集精瓶用生理盐水冲洗一遍，起到除去杂质和润滑作用，尽量不使用凡士林润滑，以免容易黏附一些杂质。采精过程要熟练，要稳、准。种公羊第一次爬跨时要把它拉下来，第二次爬跨时再收集精液，这样可以提高精液的品质和射精量。

2.精液处理。精液收集后应避免太阳光直射，避免烟、化妆品等异味的刺激。稀释精液时应将等温的稀释液缓缓地注入精液中，摇匀。一般以稀释1~4倍为宜，如立即使用可用生理盐水或

5%的葡萄糖溶液稀释，如保存应配制柠檬酸钠-葡萄糖-卵黄稀释液。

3.精液的检验、运输与保存。原精液应为白色或乳白色，呈云雾状、无异味。显微镜下观察，精子整体完整，做直线运动。

实践证明，稀释后的精液在常温下存活时间应在5个小时以上，否则会降低受胎率或不受胎。两岁以内种公羊的精子存活时间一般不超过5个小时，性状很不稳定，所以选择种公羊的年龄应在2~5岁龄。

长距离运输时，用1毫升的小瓶灌满精液、封盖，外包隔热层和减震层；如需保存，将盛满精液的小瓶外包厚的隔热层缓慢降温至4℃恒温保存。

## 六、输精过程

输精过程是人工授精的最后环节，通过试情羊试情，找出发情母羊适时输精，每次输精量在0.2~0.5毫升有效精子数不少于4000万~5000万个，输精部位在子宫颈口内。每毫升精液中加入1000国际单位的OXT可提高受胎率，但必须在短时间内用完。一个情期采用两次输精，每次间隔8~12小时，个别发情持续时间长的母羊进行3次输精，初产羊较多见。

## 七、激素的应用

有些养羊户为了让母羊早发情、集中发情，采用药物或激素催情，一般效果不佳。因为个体的差异，应用激素的量不易掌握，容易导致内分泌紊乱，造成母羊不发情、长时间发情或无规律发情，达不到受胎的目的，影响了生产，建议对那些长期不发情的母羊采用药物或激素催情，但要掌握好用量，并且不能频繁使用。（辽宁　张林广）

# 山羊的饲养管理及免疫程序

**1.加强饲养管理。**科学喂养、精心管理，增强羊的体质是预防疫病发生的基础。妊娠母羊、哺乳母羊、种公羊以及羔羊要注意适当补充精饲料。同时重视饲料和饮水卫生，不喂发霉变质、冰冻的草料，不饮死水、污水。

**2.搞好圈舍清洁卫生。**搞好清洁卫生，可以增强山羊机体的抵抗力，清除外界环境中的各种病原微生物的传播，减少机体感染机会，这是防止疫病发生的关键。

羊舍要经常打扫，定期消毒，将粪便、污物及时清除并堆积、密封发酵，杀灭粪便污物中的病原菌、寄生虫和虫卵。当某种疫病发生流行时，为杀灭病原菌要进行彻底消毒，如用火焰喷灯或氢氧化钠消毒。

**3.定期预防注射疫苗和驱虫。**定期预防注射疫苗和驱虫，是每年羊群防疫工作中两项最重要的内容，是预防传染病和寄生虫病发生的必要措施。

为了有效控制传染病的发生和传播，应根据当地羊群的疫病流行情况进行预防注射疫苗。一般在春季或秋季进行。常用的疫苗是：①三联苗，用于预防羊猝疽、羊快疫和羊肠毒血症，皮下注射，6月龄左右的羊用3毫升，6月龄以上的羊用5毫升，免疫期为6～8个月。②布氏杆菌羊型五号活菌弱毒苗，用于预防布氏杆菌病，每只羊皮下注射1毫升，免疫期为1年。③Ⅱ号炭疽芽孢苗，用于预防炭疽病，每只羊皮下注射0.2毫升，免疫期为1年。④破伤风明矾沉降类毒素，用于预防破伤风病，每只羊皮下注射

0.5毫升，免疫期为1年。另外，缺硒的地区，应在羊出生后6～7日龄左右注射亚硒酸钠维生素E，预防白肌病的发生。

羊寄生虫病发生较普遍，危害严重。患羊轻者体弱消瘦，生长迟缓，繁殖力和生产性能下降，重者可造成大批死亡。因此，应特别重视驱虫和药浴工作。驱虫可在每年春秋季节各进行一次。（江西　吕生南）

## 肉羊快速育肥综合技术

**1.饲养品种**。以波尔山羊、大尾绵羊、小尾寒羊为优良品种，本地山羊也可，但配种要实行人工冷配（波尔山羊）。

**2.分群饲养**。将羊分成小群育肥，每群10～15只，羔羊一般育肥5个月，老残羊等育肥2个月。

**3.断尾**。断尾可加速肉羊生长。改进羊肉品质，减少膻味。

断尾在羔羊出生后2～21天进行，但以出生后2～7天较为合适，最好在晴天早晨进行。

操作时，用弹性较好的橡皮筋，套在羔羊的第2至第3尾椎之间，可断绝血液流通，使尾下部得不到营养而萎缩，经10天左右即可自行脱落。

**4.去势**。阉割去势后的公羊性情温顺，好管理，易上膘。对不留种的公羊，在出生10天左右阉割去势，淘汰公羊也要及时去势。先用手把一侧睾丸挤到阴囊下部，然后用橡皮筋紧紧扎在阴囊上部数圈即可（对侧也用此法）。

**5.育肥方法**。放牧催肥法，适用于冬春季节缺乏饲草的地区。白天放牧，傍晚进行1次补饲。饲料配方：玉米粉26%、麸皮7%、棉籽饼7%、酒糟（干）48%、草粉10%、食盐1%、尿素0.6%。加补饲料添加剂，按体重10公斤左右1次用2克，1个月用1次，喂1个月停1个月，4个月即可出栏。

**6.饲养管理。**饲料要确保清洁、新鲜，调制好的饲料要及时喂完，防止霉变。块根类、藤蔓类及长草，要铡短切碎后喂给，每天必须供给充足的清洁饮水。经常用草刷拭羊体，以保持皮肤清洁，促进血液循环和新陈代谢。保持圈舍卫生，冬暖夏凉，干燥通风，粪便定期清除，圈舍定期消毒，防止各种饲草中毒和疾病发生。（河南　宋仁惠）

# 种公羊的饲养管理及合理使用

## 一、种公羊饲养管理

1.营养。良好的营养能使种公羊具有旺盛的性欲、优良的精液品质，是充分发挥其正常繁殖力的前提和物质基础。

种公羊的日粮应营养全面，适口性好，易消化，保持较高的能量、蛋白水平和充足的钙磷，同时满足维生素A、维生素D、维生素E及微量元素的需要。这样才能保证种公羊有旺盛的性欲和较强的精子活力。

种公羊的平时日粮应以青绿多汁饲料、优质青干草、混合精料等搭配构成。青绿多汁饲料有鲜草、胡萝卜、甜菜和青贮玉米等；青干草有苜蓿草、三叶草、羊草、青燕麦草等，优质的禾本科和豆科混合干草为种公羊的主要饲料，应常年喂给；混合精料由玉米、大麦、小米、豆饼、麦麸等构成，其中要特别注意，麦麸在混合精料中的比例以不超过10%为宜，太高会造成种公羊尿结石，导致种公羊失去种用价值。混合精料参考配方：玉米30%、小米30%、豆饼20%、油饼10%、麸皮6%、石粉1%、磷酸氢钙1%、食盐1%、微量元素及维生素A、维生素D、维生素E适量。

配种期日粮大致为：混合精料1.2公斤，苜蓿干草2公斤，胡萝卜1公斤，食盐15~20克，骨粉10克，在配种高峰期每日可酌情加喂1~2枚鸡蛋；非配种期每日补精料0.5公斤，干草3公斤，青贮玉米1~1.5公斤，食盐5~10克，骨粉5克。

2.运动。种公羊每天保证4~6小时的运动，有利于增强公羊体质和提高精子活力。

3.单圈饲养。种公羊圈应远离母羊圈，只在配种时与母羊混群，这样可防止种公羊乱交乱配和过度交配，有利于种公羊保持良好的性欲和体质。

4.饲喂要定时、定量、定人，减少随意性，避免人为原因造成的过饥或过饱。防止发生鼓胀和瘤胃积食。

5.保持种羊舍清洁卫生。羊舍应冬暖夏凉，尽量创造适宜的生活环境。

6.严格执行免疫程序。做好种公羊传染病的预防工作。定期消毒、检疫、驱除体内外寄生虫，保证种公羊的健康。

7.定期修蹄。舍饲的种公羊蹄子磨损少，容易长长变形，使羊不能正常站立和行走，严重的甚至不能配种，因此必须每半年给种公羊修蹄一次。

**二、种公羊的合理使用**

1.要适龄配种。种公羊应在体成熟以后开始配种利用，不同品种的羊，达到体成熟的年龄有所不同，一般在12~18月龄之间。要加强对种公羊的调教，使其不怕人、容易接近，性格温顺，听从使唤。

2.保证配种受胎率和公羊体质。羊群应保持合理的公母比例。自然交配情况下公母比例为1∶30，人工辅助交配情况下公母比例为1∶60，人工授精情况下公母比例为1∶500。

3.每周采精一次检查种公羊精子。对于精液外观异常或精子的活率和密度达不到要求的种公羊，应暂停使用，查找原因，及时纠正。人工授精情况下，每次输精前都要检查精子的活率和密度，精子活率低于0.6的精液或稀释精液不能用于输精。

4.掌握好种公羊的使用频度。1.5龄左右的种公羊每天采精1～2次，采取隔天利用；成年种公羊每天配种或采精3～4次，每次采精间隔1～2小时，每星期至少安排休息1天。

种公羊繁殖利用的最适年龄为3～6龄，这一时期配种效果最好。要及时淘汰老公羊并做好后备公羊的选育和储备。（宁夏 白建华）

# 养殖黑山羊应注意的几个问题

## 一、要注意组好群

### 1.要注意合理的羊群规模结构

在西南广大农村，山羊饲养主要以散养放牧为主，羊群规模不宜太大，在80只以内最好，其中基础母羊40只左右，后备母羊15～25只，公羊2只，年出栏量应不低于40%，最好每年都调换公羊，至少每两年调换一次。

### 2.要选择适宜年龄的种羊

组群应选择适宜年龄的种羊，以购买10月龄至2.5龄的优秀母羊为好，因为这个年龄段的羊较年轻，适应能力强，而且使用年限长。正值盛产期（3～5龄）的母羊对新环境的适应性不如青年羊，使用年限又相对较短，而且不易买到，再者妊娠母羊经运输颠簸，容易引起早产、流产，致使抵抗力下降而继发其他疾病。公羊则宜购买2～3龄的优秀个体，引进后即可投入使用，而且对山区养羊农户来说，公羊的使用年限不需太长，一只公羊的使用年限最好不要超过两年。

**3.要选择外貌特征典型的种羊**

典型的肉用羊体型，主要是胸部要深、广，肋骨拱圆、背宽平直、臀部丰满、四肢端正健壮、体躯深长、颈长适度、结构匀称，毛色尽可能全黑无杂色，被毛整齐有光泽。母羊尻部宽平，腹大而不下垂，乳房发达而富有弹性；公羊雄性特征明显，鬐甲高，肌肉发达，腹部紧凑。

**4.要选择生产性能好的种羊**

母羊主要看生长速度和繁殖力，1龄体重不得低于20公斤，经产母羊多胎多产、保姆性好、泌乳力强是选择的主要标准。而公羊则以配种能力和后代的生长发育情况作为引进和选留的主要依据和标准。

## 二、要注意厩舍卫生

黑山羊喜欢干燥，厌恶潮湿，羊舍宜建成楼式厩。修建羊舍既要考虑厩内干燥、透光、通风，又要防寒保暖。饲养密度要求成年羊每平方米1.5～2.0只，青年羊每平方米1.0～1.2只，小羊每平方米0.5只。

厩舍建好后要进行全面消毒，而且平时也应经常进行消毒。常用的经济消毒药物有生石灰、烧碱、草木灰、来苏儿、氯制剂、福尔马林等。

## 三、要注意疾病防治

**1.应激病**

应激病是指因环境、气候的改变等不良因素刺激引起的疾病。常见的主要是感冒和角膜结膜炎。

（1）感冒。因气候、环境变化引发的以呼吸道炎性变化为主的感冒，可用解热镇痛药物（如安乃近、氨基比林）肌肉注射，病情较严重的可加入抗生素配合治疗或肌注特效感冒针剂。

（2）角膜结膜炎。是由于厩舍通风不好，空气混浊，氨含量过重熏眼而引发的疾病，又叫流行性眼炎。主要特征是角膜和结膜的急性炎症，是新组羊群常发的一种疾病，可造成永久性失明。治疗可用油剂普鲁卡因青霉素（俗称油青）、红霉素眼膏直接涂搽患眼，也可用青霉素10万～20万单位加自血或可的松作眼睑皮下注射，每日一次。

**2.寄生虫病**

（1）绦虫病。主要病害群体为1.5～8个月的幼龄羊，治疗用吡喹酮按50毫克/公斤的标准投服效果最好，首次投药后，间隔3天后复投药一次。

（2）羊疥螨病。是由螨虫寄生在皮肤的表层内引起的慢性接触性皮肤病。病羊剧烈瘙痒、皮炎、脱毛、结痂、日渐消瘦，严重时可造成死亡。预防该病要做到厩舍宽敞干燥，透风透光，忌密集饲养，羊舍经常清扫，厩舍和饲养用具用双甲脒、螨净定期消毒。发现病羊及时隔离，治疗用敌百虫、双甲脒、螨净等。每年春秋两季羊群用螨净药浴。

**3.常见普通病**

（1）瘤胃积食。是因采食过多，胃内食物滞积，致使瘤胃体积增大，胃壁扩张，引起瘤胃蠕动减弱或停止的疾病。处理方法：①按摩左肷部，每次15～20分钟，促进瘤胃蠕动；②用香油500克或石蜡油200～300毫升，或用硫酸钠加鱼石脂加水灌服；③用比赛可林10～20毫升皮下注射；④病情严重时作输液处理或施瘤胃切开术。

（2）瘤胃鼓气。是羊瘤胃内容物异常发酵，迅速产生大量气体，引起胃壁扩张、容积增大的疾病。治疗原则主要是排出气体，制止瘤胃内容物继续发酵。其方法有：①使羊两前肢站在高处，口衔一木棍并用细绳固定于羊角根上，用拳头有规律地按压瘤胃区，每次10～20分钟，以帮助病羊排出胃内气体；②可用酒50克，醋100克加温水适量灌服；③用酒精20毫升，溶解鱼石脂3.5克，加松节油10毫升，混合后再加水200毫升，一次送服；④必要时施瘤胃穿刺术放气，放完气后注入5%克辽林20～30毫升，或樟脑油5～10毫升。

（3）腐蹄病。是由坏死杆菌引起的一种蹄部疾病。夏季雨多地烂，该病易发。病羊蹄间隙、蹄踵和蹄冠开始红肿热痛，而后溃烂，挤压肿烂部有臭味脓样液体流出，病情发展较缓慢，症状轻微的能很快恢复，但多数病羊的跛行可长达数十天，甚至几个月，导致病羊消瘦，若不及时治疗，往往由于继发感染而死亡。治疗首先要清除患部坏死组织，直到出现干净的创面后，再用食醋或3%来苏儿或1%高锰酸钾溶液冲洗，或用6%福尔马林或5%～10%硫酸铜浴脚，然后用抗菌素软膏、磺胺软膏涂抹。

**四、要注意做好免疫注射**

每年春秋两季羊群要注射一次口蹄疫疫苗和山羊痘疫苗。妊娠母羊产前一个月要注射羊口疮疫苗，羔羊20日龄划痕接种羊口疮疫苗。引进羊只隔离期满后，要注射口蹄疫疫苗和山羊痘疫苗。

**五、要注意加强补饲**

黑山羊养殖中，补饲是很重要的一个环节，尤其是配种期公羊、妊娠哺乳期母羊和小羊更应加强补饲，主要补饲精料、食盐、花椒、维生素类及矿物质微量元素。补饲的高蛋白豆类须炒熟，防止发生异常发酵，利于黑山羊消化吸收。食盐和花椒是养羊必不可少的东西，每3天饲喂一次可提高山羊的抵抗力，增强食欲和消化机能，另外花椒还有驱虫的作用。矿物质、维生素是山羊维持生命活动、促进生长发育必需的营养物质，如缺乏，会引起新陈代谢紊乱，导致生长缓慢甚至停滞。农户可购买专用的添加剂（如多种维生素、生长素、舔砖等）进行补饲。（云南 吉文祥　冯玉舜）

# 提高小尾寒羊羔羊成活率的有效措施

## 1.羔羊死亡原因

（1）母羊膘情不好，太瘦弱，所产的羊羔也瘦弱，母羊和羔羊都不健壮，母羊奶水不足，羔羊很容易死亡。

（2）饥饿脱水死亡。由于母羊一胎多羔，所产羔羊大小、强弱不一，母羊奶水相对不足，使那些弱羔、小羔很难吃饱、吃足，日久天长，不仅会造成羔羊营养不良，生长缓慢，甚至一天不如一天，而且体内水分也不能满足需要，导致羔羊因脱水死亡。症状为：叫声无力，不响亮，四肢无力，卧倒站不起来，头部脸部发肿，死亡时抽搐、抽风、歪脖、仰头、蹬腿。

（3）腹泻脱水死亡。由哺乳过渡到吃草吃料，在这个过程中，很容易造成因消化不良引起的腹泻，此时，用普通止泻药很难治好，或者说基本无效，最终导致脱水死亡。

（4）接产时，脐带消毒、结扎不严，导致破伤风而死。

（5）产程过长，造成假死没能及时处理，导致真死。

（6）一胎多羔，母羊母性不好，挤压、踩伤而死。

（7）寒冷季节保温设施不好，冻死。

（8）运动少，采食量、饮水量都少，体弱，日渐消瘦，最后死亡。

（9）感冒引起气喘、咳嗽，甚至肺炎死亡。

2.防治措施

（1）小尾寒羊的母羊全年处于怀孕、哺乳不断交替状态，没有休闲期，所以应加强对母羊的管理，全年都不要放松，膘情一定要好。

（2）小尾寒羊一胎多羔，母羊奶水普遍不足，应补奶。最好用奶山羊补奶，一只奶山羊一年可产大约10个月的奶，每两个月可给一批绵羊羔补奶，一批可补4只，则10个月可补20只左右。

另外，用奶山羊补奶，可减轻小尾寒羊母羊的哺乳负担，提前结束哺乳，相对缩短哺乳期，不减膘，早增膘，提早发情配种，缩短空怀间隔期，相对提高产羔频率。羔羊则可延期断奶，延长吃奶时间，身体健壮，疾病少，生长快，基本杜绝因缺奶造成的饥饿脱水死亡现象。

（3）防治腹泻。羔羊出生后，10日龄开始训练喂青草（嫩草），15日龄后开始训练吃饲料，开始最好用熟料，因为熟料易消化，然后逐步过渡到完全喂生料。在母羊临产前2～3周注射羔羊痢疾疫苗，可有效预防羔羊出生后的羔羊痢疾。一旦发生腹泻，一般是由于消化不良引起的，这种腹泻用普通止泻药物止泻，效果一般不明显，有的基本无效，应用健胃消食片口服，或用乳酸菌素片加鸡内金、叶酸配合口服治疗。

（4）严格处理脐带，做好消毒、结扎工作，把好助产关，防止破伤风。

（5）冬保温、夏防潮、勤打扫，保持圈舍干燥卫生，并做好防疫驱虫工作。

（6）专人管理，勤观察，防挤压，人工驱赶，增加运动。（山西　刘俏云）

## 奶山羊泌乳期的饲养管理

奶山羊从春季产羔至秋季配种怀胎这一阶段为泌乳期。奶山羊冬季怀羔期间，遭受了寒冷天气的不良影响，加上缺乏优质青绿饲草，会掉膘减重，春季分娩应激又使血钙降低，致使体质及抗病力下降。因此，及时补喂含能量、蛋白质与维生素较多的饲草饲料，恢复增强体质，有计划地控制挤奶量，对增加羊体抵抗力，防止失钙引发产后瘫痪等疾病至关重要。在让羊吃青促膘的同时、每只羊每日用泡黄豆100克，玉米200克，麸皮200克，食盐、小苏打各10克，混匀拌热水饲喂，能健脾开胃，强身壮膘，促进产奶量上升。

产后第1天，将挤奶量控制在够羊羔饮用即可，第2天挤日产奶量的1/2以下，第3天挤日产奶量的2/3以下，第4天挤日产奶量的3/4以下，第5天若羊体质健壮，食欲正常，可将奶全部挤净。

乳房是奶山羊泌乳的重要器官，对奶山羊进行科学的饲养和管理，是强身防病、提升产奶量的重中之重。奶山羊临产期，乳房开始增大时，每天用毛巾蘸热清水对乳房进行一次热敷按摩，可旺盛乳腺血液循环，净化乳房皮肤，促使乳房发育，为产乳做准备，还能起到未病先防、减少乳房疾病的作用。临产期乳房乳汁聚集时间长，到产时淤滞结块，若不很快地按摩消栓，通乳散结，既会影响产奶量，又易患乳房炎。奶山羊产后，如摸到乳房有结块，应及时热敷，随即用手不断地揉捏按摩结块处，边揉边挤出乳房的淤汁，消除病患。奶山羊泌乳期，每日用温肥皂水擦洗乳房1~2次，使乳头和乳晕的皮肤清洁柔韧，增强其免疫力。并每日按摩乳房1~2次，增强乳腺细胞的活力，既促使乳房发育和产奶量的上升，又活血化淤，使聚集的乳汁解聚，从而改善乳循环，防止乳栓形成。改每日挤奶1次为2~3次，加快乳房产乳和排乳的新陈代谢过程，既增加了产奶量，又减轻了乳房的内压及负荷量，防止乳汁聚集引发乳房炎。

时常检查乳房的健康状况，发现乳房有结块，应及时辨证施治。手摸乳房皮肤不增温，乳色无异常，用40℃热水蘸湿毛巾，上面撒硫酸镁粉，5分钟热敷1次，连敷5~6次。若乳房皮肤红肿热痛，乳色发黄，切忌热敷（热敷会加重炎症疼痛，促进脓肿形成），此时应热敷鱼石脂软膏，清热消炎，防腐消肿，减轻、消散乳房红肿热痛的炎性症状。

外敷药待乳房结块变软后，随即用手由下而上反复地揉捏按摩结块处，边揉边挤出乳房的淤汁，直至结块消失。

夏秋季炎热，羊的消化机能减退，平常因饲喂不当或吃了不清洁的饲料会患胃肠炎等疾病，使产奶量下降。应及时给羊舍修建宽敞隔热通风的凉棚，舍内多放些凉水盆，地面常洒凉水降温。羊舍粪便要每日清理，勤换垫干土并打扫干净，5~7天用石灰水、来苏儿液对舍内外消毒1次，为羊营造一个清洁卫生、通风凉爽的生活环境。为了防止病从口入，饮具要每次清洗干净，饲料必须优质新鲜无霉菌，一次喂精料（玉米，麸皮等）一只羊不能超过300克，精料喂羊过量谨防瘤胃酸中毒等疾病。试验证明，在羊日粮中添加2%碳酸氢钠，既健胃制酶，增加饲料的适口性和采食量，提高饲料的转化率和产奶量，又可增强羊的消化机能，防治食欲缺乏及瘤胃酸中毒等疾病。

早晨和雨后不能放羊，防止羊吃雨水、露水草。羊若吃了带有雨水、露水及冰雪的饲草，出现腹胀时，切莫给羊饮水和喂料，应将羊牵到斜坡，头向上站立，用草把按摩左部瘤胃，用臭椿树枝横在羊的口内，促进气体排出，直到出现嗳气、症状减轻为止。不要让羊采食幼嫩的青草和农作物幼苗，这类饲草缺乏粗纤维，含蛋白质和水分较多，羊吃后会拉稀甚至中毒。在放牧前，加喂一些干草可防止和减轻中毒。用米汤、面汤、剩饭菜及洗过灶具的泔水饮羊要注意，泔水含有机质多，易腐败，应及时煮沸高温消毒，杀死泔水中的病原菌，严禁用腐烂变质的泔水喂羊，防止羊食物中毒及引发胃肠疾病。

夏季羊饮水量大。要经常给羊供足新鲜清洁的饮水，并在饮水中加入0.1%高锰酸钾液，可起到消毒防腐、净化胃肠、防治疾病的作用。羊喝足了水，新陈代谢功能旺盛，可增强对胃肠内容物的廓清能力，加快散热及清理排泄胃肠异常代谢的毒素，强健体质，提升产奶量。（陕西　张双德）

## 提高绒山羊产绒量五措施

**1.选择优良的种公羊。**应选产绒量在1000克以上，羊绒细度为16微米以下，绒长度为6.3厘米左右，睾丸发育良好的公羊做种用。配种应在18月龄后进行，而且要给种公羊补喂能量、蛋白质、维生素、矿物质、微量元素等，并保证每天喂给3~5枚鸡蛋。

**2.选择优良的种母羊。**应选产绒量在370克以上、乳房及生殖器官良好的母羊做种羊，配种应在14月龄后进行。

**3.抓好母羊配种和妊娠期的管理**。母羊的配种期应选择在11月中旬至12月中旬发情配种，清明产羔。在这段时间，每天要给每只母羊补喂精料180克，尤其在妊娠期间，要供给足够的能量饲料、豆类及维生素等，以促进胎儿毛囊的形成。为此，每天放牧回来后，每只羊还要补给玉米280克，豆饼120克，胡萝卜1000克，干草1400克，盐8克，并补给钙、磷、微量元素等，冬季饮温水。

**4.培育好羔羊**。绒山羊生长羊绒的毛囊有很大一部分是在哺乳期内发育成熟的，如羔羊营养状况不好，毛囊就停止生长，自然会影响产绒量。所以除让羔羊吃母乳外，还要每天喂给含蛋白质15%的精料50克、盐4克，并补给钙、磷、硫、铁等矿物质和微量元素。但要注意，不要给羔羊过量的精料，防止早熟，降低产绒量。

**5.防治寄生虫病**。寄生虫对羊产绒量影响很大，所以每年春秋两季应用除癞灵乳剂对羊进行两次药浴，杀灭体外寄生虫，同时每年给羊喂丙硫苯咪唑，剂量按每只羊每公斤体重5~15毫克，杀灭体内寄生虫，同时还应经常对羊舍进行消毒。（湖北　王强）

## 公母羊混养害处多

**1.不利于把握最佳配种对象**。羊一般7~8月龄就性成熟了，但此时并不适宜配种。另外，老龄羊及病残羊也不适宜配种，只有1.5~7龄的健康羊才适合配种。如果公羊与母羊混养在一起，自由交配，老弱病残和幼小羊均会怀孕，这样不仅会影响对老弱病残母羊的处理，而且母羊产出的羔羊成活率低，生长缓慢。

**2.不利于把握最佳配种时间。**公羊与母羊混养在一起，必然会产生自由交配，可能导致一年四季都有母羊怀孕和产羔。这样既不利于饲养管理，又不利于羊胎儿发育，产出的羔羊往往体质较差，成活率低。比较而言，母羊在冬季和春季产羔较好，而在冬季产羔又比春季好。冬季产羔的母羊一般是7~8月份怀孕，那时青草茂盛，母羊膘情好，排卵多，受胎率高，羊胎儿发育良好，羔羊断奶时正赶上天气变暖，能吃上青草，生长发育快、越冬能力强、成活率高、产毛量高。因此，最好是平时把公羊和母羊分开饲养，在每年7~8月份选定公羊与母羊交配，这样就能保证母羊12月份或来年1月份（冬季）生产羔羊。母羊若在春季产羔，母羊和羔羊都能吃上青草，因而母羊奶水充足，羔羊生长发育快，不需购买大量饲料，饲养成本低。

**3.不能充分利用良种公羊。**一只公羊一般只能交配15~20只母羊。如果任公羊、母羊自由交配，会使公羊的精力消耗过大，缩短公羊交配年限，造成浪费。

**4.造成后代血缘不清。**自由交配往往不能肯定羔羊的父本是哪只公羊，致使后代可能出现近亲交配，失去杂交优势，而且还可能发生遗传疾病。

**5.影响正常采食。**公羊与母羊混养在一起，公羊会经常追逐母羊，使母羊无法集中精力采食，以致影响母羊的正常生长发育。（安徽　李德辉）

# 羔羊快速育肥出栏技术

羔羊快速育肥法是充分利用羔羊的快速生长发育规律，因势利导，当年出生的羔羊通过科学快速育肥，实现当年出生当年出栏销售的一种育肥技术。据调查，采取该技术育肥的羔羊，3月龄体重可达23~30公斤。其具体方法主要是：

1.羔羊育肥前的准备工作。首先，要选出无病的羔羊进行育肥；其次，在育肥前要对羔羊进行驱虫、药浴、防疫和修蹄。

2.羔羊育肥方法及饲料配方。一般采用全舍育肥方式，即采取全封闭式的圈养投料育肥方式，到3月龄体重达25~30公斤时应适时出栏屠宰上市。

羔羊快速育肥关键在投料和饲料配方，一般用于育肥的饲料，以混合精料45%、粗料和其他饲料55%配合比较好。精料配方一：大麦20%、玉米20%、高粱30%、小麦麸20%、蛋白质补充料10%。精料配方二：玉米45%、高粱45%、蛋白质补充料10%。精料开始时酌情添加，以后逐步加大，但混合精料添加量不应超过45%，粗精则不限。

在育肥中适当补充添加剂可以很好地调节羔羊的新陈代谢，促进羔羊的生长发育，加快羔羊的增重速度。一是添加复合饲料添加剂，主要由铁、铜、锰、锌、硒和瘤胃代谢剂、生长促进剂以及对有害微生物抑制物质组成。该添加剂每袋0.5公斤，可供3只羊喂60天。使用后增重速度和饲料转化率分别提高23.1%和18%。二是添加莫能菌素钠（又名瘤胃素、孟宁素）。主要作用是控制和提高瘤胃发酵效率，使用后羔羊日增重可提高35%。用

法：每公斤饲料添加25~30毫克。开始低一些，以后逐渐增加。（广西　黄福先）

## 初生犊牛要四防

**1.防窒息。**新生犊牛窒息是由于母牛个体过小、产道狭窄、胎位或胎势不正、分娩时间过长、子宫收缩无力所致。应立即进行急救，将犊牛倒提拍打臀部，以清除口腔、鼻腔和呼吸道中的黏液和羊水。擦干被毛，肌肉注射0.5%樟脑水5~10毫升或肌肉注射10%安钠加2~5毫升；窒息严重的犊牛还须配以人工呼吸，即将犊牛头部放低，扩张其胸壁与压迫胸壁交替连续进行，并可使用刺激呼吸中枢的药物如山梗茶碱5~10毫克，尼可刹米25%油溶液1.5毫升或四苏贡2毫升等。

**2.防脐炎。**脐炎是犊牛生出后脐带断端感染细菌而发生的一种炎症。触诊其脐部时牛犊表现疼痛、拱背，在脐带中央及其根部皮下可以摸到如铅笔杆粗的索状物，流出带有臭味的浓稠脓液。轻症脐带残段脱落，脐孔处鲜红湿润，有少量脓性分泌物或溃疡糜烂。重症时，脐轮周围出现脓肿，流出带臭味的浓稠脓液，肿胀常波及周围腹部，牛犊出现精神沉郁、食欲减退、体温升高、呼吸与脉搏加快、脐带局部增温等全身症状，如不及时治疗，最后会死于败血症。防治方法：在脐孔周围组织发炎、肿胀而无其他全身症状时，脐部先剪毛消毒，再用青霉素普鲁卡因注射液在脐孔周围皮下分点注射，并于局部涂以松馏油与5%碘酒等量合剂。如已发生化脓或坏死，应排出脓液，清除坏死组织，用消毒液清洗后撒上碘仿磺胺粉或呋喃西林粉以及其他抗菌消炎药物，并用绷带将局部包扎好。

**3.防便秘**。此症通常指牛犊出生后24小时内不排粪，且表现出不安、拱背、翘尾作排粪状，严重时腹痛，食欲不振，脉搏快而弱，有时出汗。牛犊发生便秘后，要及时用肥皂水灌肠，使粪便软化，以利排出，直肠灌注植物油或石蜡300毫升，也可热敷和按摩腹部，或用大毛巾等包扎牛犊腹部保暖，以减轻腹痛。

**4.防拉稀**。该病发病率高，尤其是人工哺乳时发病率更高，轻者影响生长发育，重者可致死。防治方法：轻症可服用蛋白酶、食母生、乳酶生等助消化药物，对剧烈腹泻、排水样便但无特殊腥味的，选用次硝酸钠、鞣酸蛋白、磺胺脒、痢特灵、氯霉素、黄连素等止泻药。对重症者应及时补液，并配合碳酸氢钠、维生素C等解毒药物治疗，因母牛乳房炎等疾病而导致犊牛拉稀的，应治疗母牛疾病或更换健康母牛的乳汁或人工喂养，保证初生牛犊吃足4天初乳。（广西　李伟立）

## 提高肉牛食欲增肥添膘措施

**1.驱虫**。对于消瘦、食欲不振的牛，首先要驱虫。用0.1%的畜卫佳（每10公斤体重用3克）和丙硫苯咪唑（每10公斤体重用1毫升）同时给药内服，可驱除牛体内的线虫、蠕虫、吸虫、绦虫等，7天以后再重复用畜卫佳1次，还可驱除体表寄生虫。在饲料中加入瘤胃素，不但可提高饲料转化率，还有明显的抗球虫病作用。

**2.消除胃肠道炎症**。多种因素可引起牛浅表性胃肠炎，病牛常表现为食欲不振，粪便稀软。消炎常用磺胺脒（每头每天

40~80克）灌服或拌入饲料中饲喂，应连用2~3天。

**3.健胃整肠，调理机能。**投喂微生态制剂，能迅速增加牛胃肠中的有益微生物数量，并分泌有益物质，提高机体免疫力。对于伤食积滞、消化不良的牛，可内服健胃散，每头每次250~500克，用白开水冲调，候温喂服，每头牛每天服1~2次，连服3天；对于鼻流黏液、冷疼胃寒的牛，内服温脾散，用法同上；对于便秘的牛每天灌服植物油250~300毫升，连用2~3天，并在饮水中加适量人工盐。

**4.合理配制饲料。**品质差的粗饲料如麦秸、稻草等，可进行氨化或微贮处理，豆秸等质地较硬的饲草要用揉草机揉碎。精饲料的搭配要注意食盐、微量元素、维生素的添加，并使用质量信得过的添加剂。

**5.科学饲养。**在给病牛治疗、调理期间，可喂给现有的粗饲料，精饲料要逐渐增加。秸秆经水淘洗后喂给，这样牛易采食和消化，并能除去杂质。经过氨化、微贮、青贮的秸秆不能用水淘洗。牛对干草的采食可不加限制，但应让其多饮水，使其萎缩的胃肠道逐渐恢复正常。（四川　代邦元）

## 奶牛场怎样设计才合理

随着奶牛养殖规模的逐渐扩大，奶牛场设计的重要性显得日益突出，基础设计的好坏，直接影响到奶牛的健康、生产繁殖、牛奶质量和养殖的经济效益。

奶牛场的设计应本着以牛为本的原则，按照奶牛的生物特征和生理需求来建设，如以人的主观意愿和现有条件为基础，让奶牛来适应，就有削足适履之弊。

奶牛场建设首先应考虑防疫灭病问题，奶牛场应建在远离村庄、工厂、交通干道500米以上的地方，最好是沙性土壤，排水方便，无三废污染。要合理布局牛舍、运动场、产房、育犊舍、挤奶房、物料房、宿舍、青贮池等。粪污放置尽量远离饲养区，并做无害化处理。

奶牛场设计的原则：减轻气候对奶牛的影响，控制和增加奶牛进食量，保证奶牛舒适、保持牛体卫生、减少奶牛疾病，提高牛奶卫生及质量，提高劳动效率。

牛舍设计的关键：一是必须保证奶牛舒适，在其营养满足后，只有奶牛感觉舒适才能充分发挥其最大的生产潜力，否则会引起奶牛肢蹄、关节的疾患，产奶量下降。二是必须保证牛舍干燥卫生，通风良好，使牛体干净，这样才能保证奶牛健康和牛奶质量，否则极易引起乳房炎等疾病。

此种布局设计，改变了拴系式或传统的设计模式，奶牛可自由采食粗料和饮水，自由选择运动和休息，非常适合奶牛的生活习性，从工艺流程上减轻了饲养者的劳动强度，提高了工作效率，同时达到了人、牛、奶三分离的食品卫生要求。

大型奶牛场或奶牛小区，适度规模以不超过500头奶牛为宜，因奶牛的粗饲料受运输距离的限制，主要靠牛场周围解决，饲养奶牛超过500头，其粗饲料供应将会出现困难，需远距离购入粗饲料，其成本相对加大。另外粪便出售也相对较难。

**1.牛舍设计**

因奶牛是怕热家畜，耐热能力较差，高温影响奶牛的生产性能。成年黑白花奶牛，产奶期适宜的温度是10~20℃，抗高温临界温度为24~25℃，抗低温临界温度为-5℃。因此在长江以南地区设计牛舍主要考虑避暑降温，遮风挡雨；长江以北至北京以南地区，适当增加防寒措施；北京以北地区及我国西部地区应注意控制冬季风寒对奶牛生产性能的影响。

本文重点介绍适宜北京以南地区的简易方案。在牛场北端设计坐北朝南敞开式牛舍，即奶牛休息区，另设南北向采食区。

牛舍北墙高为2.3~2.5米，墙高1.5米以上设窗户，窗外挂一向外上开的雨搭，夏开冬闭，以便调节气温，并防由窗向内潲雨，舍顶宽为2.7米或4.6米，舍顶可用质量较好的石棉瓦，或可加一层泡沫塑料，也可使用烧制红瓦。

如设顶宽为2.7米，可设计成单坡向后倾斜。为防夏季奶牛在牛床休息时阳光直射牛体，可紧靠牛床顶部前端加一段遮阳网。如舍顶宽为4.6米，可设计成双坡式，牛舍南面只设主柱支撑。

牛舍内设自由牛床，每头牛自由牛床长2.25米或2.30米，宽1.1米或1.2米（根据牛的品种和体型大小）卧牛栏分隔，卧牛栏长1.95米，高1.05米，卧牛栏头端上部必须设置与其垂直与地点平行的活动颈杆，以调节适当位置。

让牛站立时把粪尿排入床后粪尿沟内，不污染牛床。牛床后设宽30厘米的水泥粪尿沟，注意沟的纵横坡降。牛床高出地面15~20厘米。牛床后端设宽10厘米、高5厘米的水泥埂，以阻挡垫草。牛床上最好铺专用橡胶垫，或铺洁净的干草，或经过晒制的锯末或干沙土等松软物。

**2.设置自由牛床的好处**

（1）便于粪便清理。牛是一种很脏的动物，可随时排泄粪尿，但以卧下休息结束、站立起来时排粪尿的情况为多。奶牛在牛床上休息结束站立时，颈杆控制使牛后退，正好将粪尿排于粪尿沟，这样便于集中清理粪便，还可减轻饲养员的劳动强度。

（2）牛体洁净卫生。自由牛床不接触粪便，奶牛卧下接触的是橡皮垫、垫草或干沙等，牛体、后肢、乳房不被污染，牛体自然卫生。

（3）提高产奶量。奶牛有了舒适的牛床，能够得到充分良好的休息，又因卫生、舒适避免奶牛乳房炎和肢蹄关节病患，使牛只健康，产奶自然就多，经济效益自然提高。

**3.奶牛采食区设计**

采食区设计为通栏式平面饲槽或自由夹式平面饲槽。

通栏式平面饲槽：通栏式（亦称柱栏式）平面饲槽，设计简单、实用，适用于周围食道一面无隔沿。这样在饲喂时非常方便，容易打扫。饲栏隔沿以饲槽底为准其高度为15厘米，其饲槽一面底角呈圆弧形，隔沿上方用活扣安装横隔栏，注意横隔栏应安装在立柱的外侧，即饲槽一面，这样奶牛可以够到较远的食物，并且不会对隔沿施加太大的压力。横隔栏高80~110厘米之间，可根据牛体大小调节。按所饲养奶牛数量，每头奶牛留出直线宽度70厘米的饲喂槽位，这样才能使所有奶牛同时吃到饲料而不发生拥挤打斗。另外，因奶牛的舔食能力较强，在制作饲槽时，一定要使用高标号强力水泥，把表面尽量抹得光滑。

自由夹式平面饲槽与通栏式平面饲槽的区别只在隔栏上，其他设计相同。为防止奶牛争食，在饲槽上设置自锁颈枷。

为什么把饲槽设计得这样低，而不是通常惯用的高位馈槽呢？

以前人们通常把饲槽设计成70~85厘米高有两个理由：一是饲槽可以作为一个拦墙挡住牛不往外跑，另一是人们习惯认为高位有利牛采食和饮水。有一个试验，给奶牛提供两种饲槽，即抬高（高位）式饲槽和平地式饲槽，供奶牛自由选择，结果奶牛愿意在平地式饲槽采食，而且没有抛拽饲料的浪费现象，采食时间延长26%，即采食量大增。

根据研究，奶牛低头采食比水平采食可多产生唾液17%，唾液具有缓冲能力，可调节奶牛瘤胃达到合理酸碱度。奶牛的习性是低头食草，平地式饲槽更适应其习性。因此，采用平地式饲槽可以提高奶牛的采食量，减少草料浪费，并可使奶牛产生更多的唾液，有利于草料的消化。通栏式平地饲槽的隔沿和横栏可满足阻挡奶牛外出的需要。

另外，饲槽的一头要设一长方形水槽和盐槽，水槽主要在雨雪天气供奶牛饮水时使用，盐槽供奶牛自由舔食盐砖或食盐使用。

**4.产房与犊牛舍**

由于犊牛抗寒能力差，温度要求高，因此产房要设计成封闭式房屋，窗户不要太小，以利通风换气。冬季可在室内设火墙与火炉，以加热取暖。

犊牛应单栏饲养，犊牛舍的东北西三面为防风墙，墙高1.3~1.5米，东西宽1.5米，南北长2.0米，舍顶为一层泡沫塑料保温板，上压石棉瓦。犊牛舍前面有宽1.5米、长2.0米的活动场，东南西三面用铁栏围住，铁栏的南面设水槽、精料槽、粗料槽。犊牛舍防风墙最好用容易拆装的材料，如木板或保温石膏板。如是水泥抹的砖墙，因墙太凉，不利保温，可在内面加一层石膏板。这样，一头犊牛转群后，将石膏板拆下，将牛舍消毒后，重新粘贴一层石膏板，可供下一头犊牛使用。

**5.运动场的设计**

成年奶牛运动面积应有25~40平方米。运动场内搭建凉棚，凉棚下的地面应高于周围地面，运动场内地面以土质地面为宜，要有一定的坡度，使排水通畅。运动场四周种植树木，以遮阴降温。运动场内设饮水池，使奶牛随时可饮到洁净水。

饮水池设计成圆形水槽，圆形中央可种植树木，周围槽中储水。还可以设计成利用地温式自动饮水槽，即挖一深3米、直径

1.25米的土井，土井上面建一圆形水槽，水槽高于地面40厘米，周围有填充保温材料。上有一水泥盖，盖四周有多个供奶牛饮水的孔。水槽周围2米为水泥地面并高出土地面5厘米，水槽周边设三或四根立柱，立柱上搭凉棚，以防夏季阳光直射水槽。水管从土井中央伸出进入水槽，水管顶端设一水漂，用水漂控制水管开关，当水槽内水位下降，水漂随水下降到一定程度时，水管打开，水流入水槽；当水位上升到一定高度，水漂随水上升时，关闭水管。这样，水槽内始终保持一定量的水供牛随时饮用。这种设计，利用土井地温，使水槽内的水冬暖夏凉，适合奶牛饮用。

**6.水泥通道及隔离栏**

在自由牛床和饲槽的后面，设一条宽1.5~2米的水泥通道，供奶牛走向饲槽、牛床、挤奶间（厅）时使用。在水泥通道与运动场之间，靠运动场一侧设铁制隔离栏和活动门，雨雪天关闭活动门，将奶牛限制在饲槽和牛舍的地带，防止奶牛进入湿土地的运动场而被污泥污染牛体。待天晴后运动场内干燥时（下雪后及时打扫）再将活动门打开，将奶牛放入运动场活动。

**7.浴蹄池**

蹄病是奶牛常见病之一，为预防蹄病的发生和传播，经常浴蹄是必要的。浴蹄池设在挤奶间出口，宽1.1米，长度不低于2米，深18厘米。

浴蹄池用水泥浇注，加防渗剂抹平，在池的一角设排水口。浴蹄池内定期注入浴蹄液，并保持有效浓度。

**8.青贮池**

青贮池容积可按每头成年母牛10立方米计算，设计成地上式或半地下式。半地下式为地面以下深1.5米，地面以上墙高1.5米，这样地下部分较浅，平时往外运草省工省力。（黑龙江 王桂清）

# 肉驴育肥技术

1.育肥驴的选择：我国大型驴种有关中驴、德州驴、泌阳驴、河西驴、佳米驴等地方良种。它们具有体形大、生长快、抗病力强、体质强健、产肉性能好、杂交优势明显等特点。

2.建造圈舍：肉驴可以拴养、圈养、放养。新建圈舍须选择地势平坦、背风向阳、水源充足的地方。畜舍大小依规模而定，舍内设食槽、饮水用具。畜舍要求夏季通风良好、防暑降温，冬季容易防寒保暖。

3.饲料配方与科学饲养：肉驴适应性强，饲草以谷草、玉米秸、花生秧、甘薯(红薯)蔓及各种野草等青粗饲料为主，以豆粕、花生饼、棉籽饼、玉米、高粱、大麦、小麦等混合为精饲料。精饲料需粉碎、焙炒、浸泡，以提高适口性和消化率。要求固定槽位，公母分槽，定时定量，少喂勤添，日喂3~4次，食后自由饮水。

4.幼驴育肥：幼驴3周龄可采食嫩草和精饲料。将玉米、高粱、小麦、大豆等粉碎，煮成稀粥，加少量食糖诱导采食。此期以哺乳为主，补料为辅。开始每天补料10~20克，数日后增至80~100克。6月龄断奶后增补精饲料和优质饲草，9月龄后日喂精饲料3.5公斤。

5.成年驴育肥：在常规饲养的基础上，选用12～15月龄的架子驴或不能使役的驴进行短期育肥。除停止使役外，增加混合精饲料喂量。饲料配方：豆粕20%、棉籽饼10%、玉米(或高粱、小麦)糠麸70%，混合后用水浸泡2~3小时。每日早晚将混合精料拌入饲草饲喂，并加食盐20~25克，任驴自由采食优质饲草。每天喂3~4次，育肥2~3个月即可出栏。另外，还要满足饮水、限制运动、刷拭皮毛、保持清洁，以利育肥。（山东　郑卫东）

## 加快肉狗增重的两种育肥方法

俗话说：“狗肉滚三滚，神仙坐不稳。”可见狗肉的美味和市场需求的巨大。这样，加快肉狗的增重，就意味着能获得较多的经济效益。下面介绍两种行之有效的肉狗育肥方法，供养殖户们参考。

**一、催眠育肥**

所谓催眠育肥，就是利用药物将肉狗麻醉催眠，使其按照要求，吃了就睡，醒了就吃，让其体能消耗降到最低限度，从而达到快速增重的目的。具体做法如下：

1.按照肉狗的大小，每只每餐用1~3克曼陀罗花拌入饲料中，对肉狗进行麻醉催眠（这里所说的曼陀罗花不仅仅是花，而是包括曼陀罗的种子、花叶、果壳等晒干后共同研成粉末的混合物）。喂时，最好用煮熟的红薯或芋头少许捏成饼状包好药末，按每只肉狗的用药量喂给，之后再喂其他的饲料。如果在曼陀罗花中加入少量的安眠药，则能使麻醉催眠效果更为稳定。每只肉狗可依大小每餐喂给1~3粒安眠药，这时曼陀罗花药末的用量可减少一半，共同拌喂。一般效果较好的安眠药有可可巴比妥、奈比托，其次为鲁米那安定片等。每次可选用上述安眠药中的一种。

2.防治疾病。如果肉狗食后发生呕吐时，可取半夏、生姜、茯苓、陈皮、神曲、丁香各10克，共煎水取汁，加入肉汤或骨头汤灌服；如果肉狗发生食物中毒，可用制半夏、茯苓、陈皮、白术、麦芽、神曲、厚朴、枳实、木香各10克加蜂蜜适量和水煎煮灌服；如肉狗患疥癣，可用硫黄20克、蛇蜕一条烧成炭，共研末后作一次拌饭（料）喂服；对于犬蝇，可用生麻油或生茶油涂于狗体表的毛上，即可有效驱除。

3.定时定量给肉狗喂优质饲料，如米饭、骨头汤稀饭，玉米粉或黄豆粉拌米糠、麦糠（需煮熟饲喂）等，并适当添加少量催长素；同时，还要进行定位训练，让肉狗养成定位排泄的习惯。

此外，肉狗催眠药还可用以下药方：方一：曼陀罗花、醉鱼草各500克（均为干品），混合研末，小肉狗每次每只喂1克，大肉狗喂1.5克，每天喂3次，均匀将药混在饲料中让肉狗自由采食。方二：生川乌、生草乌、抑不芦、醉仙桃各等量，共同研成粉末，用量与方法同上。方三：用盐酸氯丙嗪片，按5公斤肉狗8~10片的用量，1次喂完，隔1~2天再喂1次。

**二、去势育肥**

像公鸡去势变成阉鸡而增重迅速一样，公狗去势后性情变得温驯，生长加快，增重尤为明显，因此，不作种用的公狗，可在2月龄去势育肥，即能获得显著的育肥效果。去势通常采用以下3种方法：

1.阉割法。用左手将睾丸从腹股沟管挤入阴囊，用食指和拇指捏紧固定，用碘酒消毒切口处，然后用消毒过的去势刀片沿睾丸垂直方向切开皮肤1厘米，挤出睾丸，扭断精索，用碘酒消毒止血，不必缝合切口，让其自行愈合即可。

2.结扎法。先用碘酒消毒阴囊皮肤，然后用左手两指捏住睾丸，用橡皮筋将2个睾丸连同阴囊一起扎紧，不久，睾丸即自行萎缩，公狗变得温驯，食欲日渐增加，增重加快。

3.化学法。先将10克氯化钠溶于100毫升蒸馏水中，加1毫升甲醛溶液，摇匀过滤，装瓶备用。待公狗保定好后，在阴囊纵轴前方用碘酒消毒，视狗的体型大小，每个睾丸注入2~3毫升药液即可达到去势目的。（广西　卢健平）

## 提高獭兔繁殖效率的技术措施

**1.制定合理的配种繁殖计划。**依据各场实际情况和饲养管理水平，可按常规的繁殖方法，即在仔兔断奶之后配种，断奶时间以35~42日龄为宜，每年繁殖4~5胎。在时间安排上，主要应在早春和秋季抓紧配种繁殖。条件好的商品獭兔场也可实行半频密繁殖和频密繁殖的方法，以通过缩短哺乳期来提高繁殖密度。所谓半频密繁殖，是指母兔在产后12~15天内配种，这样可使繁殖间隔缩短8~10天，年可增加繁殖2~3胎；频密繁殖是指母兔产后1~3天内配种（俗称血配），这样可使繁殖间隔缩短20~30天，年繁殖达8~10胎。这种繁殖方法，饲养水平要高，管理条件要好，且对母兔健康影响大，一般不宜连续采用。

**2.严格进行选种。**选择优良的公母兔留作种用，要求种兔健康无病，体质健壮，各部位发育匀称，肌肉丰满，臀部发达，腰部肥壮，肩宽广并与体躯结合好；体重大，要求成年体重母兔在3.6公斤以上、公兔在3.8公斤以上；性欲旺盛，生殖器官发育良好。公兔睾丸大而对称，隐睾或单睾不得留种；母兔繁殖力强，乳头在4对以上，外阴端正，母性好，无食崽、咬崽等恶癖。要及时淘汰产崽少、受胎率低、泌乳性能和母性差的母兔。

**3.组成合理年龄结构的种兔群。**獭兔的种用年限一般为3~4

年，为保持其较高的繁殖力，整个种兔群以青、壮年种兔为主，老龄种兔比例不宜过大，否则会影响兔群的生产水平。为此，在实际生产中，每年应有约1/3左右的老龄母兔因性机能减退、繁殖力下降被淘汰。与此同时，每年要选留1/3以上后备兔补充为种用兔群。

**4.加强饲养管理，减少胚胎死亡。**据国外研究指出，高营养水平往往影响种母兔卵泡发育和排孵率降低，据在交配后第9天观察受精卵着床情况，营养水平高的母兔的胚胎死亡率为44%，而营养水平低的则为18%，前者产活崽仅3.8只，后者为6只。说明保持兔的种用体况，不过肥也不过瘦即膘情中等，使其具有旺盛的性机能，是提高繁殖率的重要措施。为此，必须注意配种前后的饲养管理，科学配制饲料，以满足种兔和仔兔的营养需要；搞好环境卫生，保持兔舍干燥、通风良好，以减少胚胎死亡，提高繁殖力。

**5.掌握适时科学配种方法。**根据实践，獭兔配种的最佳时间是在发情盛期，俗话说："粉红早，黑紫迟，大红稍紫正当时。"过早或过晚其效果都不理想。依据母兔在交配后8~12小时才排卵，而公兔精子又在2小时或2.5小时才可达输卵管上1/3处的特点，为提高母兔的受胎率和产崽数，可采用重复交配方法配种。即在第1次交配后，间隔8~12小时用同一品种公兔进行第2次交配，其配种效果较好。因为第1次交配主要起到刺激母兔排卵的作用，第2次交配才主要起到精子和卵子结合而受胎的作用。商品獭兔场也可采用双重配种方法，即一只母兔可连续与两只种公兔进行交配，前后两只种公兔配种间隔时间为20~30分钟。采用该方法时应注意，在第1只公兔交配后及时将母兔送回原笼，待公兔气味消失后，再与第2只公兔交配，以免由于气味而影响配种或咬伤母兔。

**6.对发情母兔实施诱导催情。**在獭兔养殖中，经常会遇到一些发情（久不发情）的母兔而影响獭兔的饲养效益。因此，为提高繁殖效率，对发情母兔在改善饲养管理条件、根治生殖系统疾病和减少应激的基础上，实施人工诱导催情的方法，以促使其发情，及时进行配种。综合各地在生产实践中采用的催情方法主要有：①挑逗催情。把母兔放入公兔笼内，让公兔进行追逐爬跨挑逗半小时左右拿出，过8小时后再把母兔放入公兔笼内交配。②气息催情。将公母兔交换笼位一昼夜后，使母兔接受公兔气息，第2天母兔便会发情，把公兔放回原笼与母兔交配。③按摩催情。用左手抓住母兔双耳和颈部保定，右手轻轻按摩(或快频率拍打)其外阴部，等母兔有举臀动作时，可放入公兔笼内交配。④刺激催情。用清凉油或2%稀碘酊少许，抹在母兔外阴唇上，待30分钟后放入公兔笼内交配。据报道，其效果可达70%左右。⑤激素催情。可肌肉注射孕马血清促性腺激素每只母兔50~80单位或三合激素每只母兔0.75~1毫升，注射后6小时配种；也可用促排卵3号肌肉注射每只母兔5微克，注射后5~8小时配种。⑥饲料催情。可将小麦发芽2~3天后，拌入精料中，每日2次，每次20~30克，连续喂3天便可见效；也可将胡萝卜切成小丁，拌入精料中饲喂，每日2次，每次喂50~100克，2天后母兔便会发情；或每日喂维生素E1~2丸，连喂3天，在2~3天内即可配种。（浙江袁锡寿）

## 养好幼兔四措施

**1.讲究饲养技术：**刚断奶的幼兔仍应喂给断奶前仔兔的饲

料，要求青绿饲料必须新鲜、优质，精饲料要容积小、营养全、易消化、适口性好。随着日龄的增长，应逐渐改变饲料配方的组成，其日粮营养水平可含粗蛋白17%、粗脂肪5%、粗纤维12%，并添加一些氨基酸、维生素、微量元素和酶制剂等。喂饲应定时定量，掌握少食多餐，每日喂料5次（精饲料2次，青绿饲料3次），两种饲料可进行轮换喂饲。幼兔食欲旺盛，应以吃饱为宜，要防止因贪食引起消化道疾病。

**2.实施科学管理：**幼兔应按日龄、强弱、大小和性别等进行合理分群喂养。最好为笼养，每笼3~4只，也可以群养，每群8~10只。幼兔从2月龄开始要加强运动，多晒太阳，以促进机体新陈代谢。运动时夏季应注意遮阳，冬季要防冻，在运动场内应设有草架、水槽，让幼兔自由采食、饮水。幼兔满3月龄时，要做好阶段性生长发育测定，进行称重、量体长和选留后备兔等工作。

**3.营造舒适环境：**幼兔很娇气，对环境变化十分敏感。因此，应提供良好、舒适的生活环境。具体应做到：安静、卫生、干燥、温暖、通风，饲养密度适中，同时要防止惊吓、潮湿、风寒、酷热和空气污染，以保证幼兔健康生长，提高成活率。

**4.加强疾病预防：**每日要细心观察幼兔的采食、精神、粪尿等情况，借以判断其健康状况。若发现有异常，要及时进行隔离饲喂，查找原因，采取措施，消除病因。要按照免疫程序，适时接种兔瘟、巴氏杆菌、波氏杆菌和魏氏梭菌病防疫疫苗，以预防这几种主要传染病的发生。还应在每公斤饲料中添加氯苯胍150毫克或经常加喂适量大蒜、洋葱等食物，以预防幼兔球虫病的发生。（浙江　袁锡寿）

# 繁育母兔饲养管理要点

**1.空怀期母兔。**母兔的空怀期是指从仔兔断奶后到再次配种受孕这段时间。其饲养的主要任务是使母兔恢复体况，补偿母兔经过30~40天哺乳期体内大量养分的消耗，为争取早配多产做好准备。但在此期间不能使母兔过肥或过瘦，以免影响发情排卵。对过肥过瘦的母兔，要及时调整日粮，对过肥母兔可多喂青粗料，少喂精料，且严格控制喂量；对过瘦母兔要增加精料喂量，使其达到中等膘情的种用体况，以便正常发情排卵，适时配种受胎。对久不发情的母兔可采取异性刺激和人工催情，以提高母兔受胎率。在管理上要注意舍内通风、光线充足，经常保持兔笼和兔体卫生清洁。

**2.妊娠期母兔。**母兔的妊娠期是指从配种受孕到分娩产崽的时间。妊娠期一般为30天。其饲养管理目标是保证胎儿正常发育，并为产后哺乳做营养准备，且要防止死胎、流产。母兔妊娠期对营养物质的需要量相当于空怀期的1.5倍。母兔妊娠后，特别是妊娠后期，胎儿生长发育快，对蛋白质需要量不断增加，所以要多饲喂蛋白质含量高的饲料，如大豆饼、鱼粉等，同时补充适量食盐。一般母兔从妊娠第10天起，日喂量逐渐增加，20~28天可日喂青绿饲料500~700克，精料100~125克；产前2~3天要减少精料，多喂优质青绿饲料。在管理上要做好护理保胎防流产工作，注意食料要新鲜清洁，不喂霉烂变质及冰冻饲料，不要突然更换饲料；保持环境安静，不大声喧闹，注意防御狗猫鼠等敌害侵扰；实施一兔一笼，防止挤压流产；不要随便捕捉妊娠母兔，在摸胎时动作要轻；同时要做好产前准备工作，如将消毒过的产崽箱放在母兔笼内，铺垫柔软卫生的干草。

**3.哺乳期母兔。**母兔的哺乳期是指从产崽开始到仔兔断奶的这段时间，一般为30~40天。其饲养目的是既要确保母兔自身健壮，又要其有充足的奶汁供仔兔健康成长。为此，在母兔产后1~2天内尽量少喂精料，喂给100克左右适口性好、易消化的饲料和部分青草即可；以后逐日加料升到哺乳正常喂量，要保证满足母兔对蛋白质、氨基酸、维生素、矿物质和微量元素等营养的需要。此期间日粮中粗蛋白含量达18%，每日约可喂配合饲料150~200克，青绿饲料500~1000克，并供给充足的清洁饮水。与此同时，还要经常检查仔兔的粪尿情况，如发现仔兔多尿，说明母兔饮水多，乳汁稀，应减喂含水分多的青绿多汁饲料；如果仔兔粪多，说明母兔喂料量过多，饮水较少，乳汁浓，要适当减料，多喂些青绿多汁饲料，并补充饮水。对缺奶的母兔要及时催奶，同时防止乳房炎发生。在管理上，一是要提供安静、清洁、干燥、温暖和舒适的饲养环境；二是要做到人员、笼位和饲养管理程序相对固定，不可任意搬动产箱、捕捉母兔和拨弄小兔，以防发生意外。（浙江　袁锡寿）

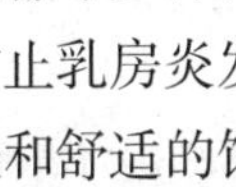

## 提高仔兔成活率八措施

**1.有计划配种。**种公母兔准备配种前，应先检查患病与否，禁止使用患梅毒、脚掌炎、乳房炎、传染性鼻炎或换毛的公母兔交配。另外，种兔年龄不宜过老或过于年轻，更不能使用弱兔。公母种兔双方血缘要分清，杜绝近亲繁殖。应选用个体大、生长快、性欲强的作父本，选用母性好、泌乳量高的作母本，这样父母优点可得以发挥和积累。母兔以每年繁殖5～6胎为宜，不提倡频繁血配，因为这样做对母兔体质损害很大，反而会造成仔兔成活率低。

**2.确保怀孕期营养充足。**母兔怀孕前期1～20天，饲料在原来供给基础上应增加1/3～1/2，而怀孕后期的10天应自由采食。饲料配合要求全价，粗蛋白在16%、钙在0.1%、磷在0.3%、食盐在0.5%，粗纤维应在12%左右。

**3.细心护理仔兔。**养殖户应密切注意及看护临床母兔，避免母兔产下的仔兔被笼底板夹缝卡死或冻死的现象发生。刚产下的仔兔，最好用37℃温水加少量碘酊兑成浴液，用拇指和食指轻提仔兔头部将其身体部分放置温水中盘浴，然后擦干水再放在一只纸箱里，添加一些木屑和兔毛保暖。

**4.让仔兔吃到初乳。**仔兔应在产后2小时内吃乳，让仔兔从初乳中获得免疫力和产生抗体。

**5.做好母兔的催乳。**母兔的泌乳量多少、奶汁浓与稀，直接影响仔兔的发育。因此，在日粮中要勤加多汁青绿饲料，如红薯藤、苦荬菜、豆芽等均有催乳作用。也可在精料中添加熟黄豆30粒，每天2次。饲料供应要充足，饮水中加放少量食盐，以保持母兔新陈代谢所需。实践证明，饮水量与泌乳量成正比。如发现缺乳者，用王不留行20克煲黑豆200克逐次添加给母兔，可产生大量乳汁。

**6.让仔兔早开食，给仔兔早补料。**仔兔在出生18天后逐渐开食。可用新鲜红薯叶放一些奶粉让其啃咬，精料中加少量糖水拌匀，使饲料膨化，有助于仔兔消化吸收。同时饲料中投入抗球虫药物，如抗球灵、氯苯胍等。预防腹泻发生，可用金霉素、氟哌酸拌料。补料期间以少食多餐为原则，每天4餐以上。同时仔兔

20日龄后改为每天喂奶1次，让仔兔逐渐过渡，饲料做到定时、定量，避免仔兔贪食造成消化不良。

**7.做到适时断奶。**仔兔最佳断奶日龄在30~35日，应视仔兔强弱而定。断奶时如果是母子混养的，应先离母2天后再转移仔兔，避免因环境的变换造成应激反应，减少疫病发生。笔者主张母子分开饲养，这样既有利于母兔休息养膘，又有利于仔兔独立，减少母子混养中母兔精力消耗过大，仔兔易患病和母子争料食的现象发生，从而大大提高仔兔成活率。

**8.做好免疫接种工作。**危害仔兔、幼兔的主要疾病有兔瘟、巴氏杆菌病、魏氏梭杆菌病及大肠杆菌病等。应在仔兔断奶后5天皮下注射或肌注巴瘟魏三联苗1毫升，也可分开注射，1周后再皮下注射大肠杆菌疫苗1.5毫升。（广西　周大胜）

## 春季养兔要“三防”

**1.防兔舍潮湿。**春季雨水多，湿度大，对兔舍要注意防湿防菌，搞好清洁卫生。兔舍地面应常撒些干燥的草木灰或干生石灰，以利吸潮及杀菌，也可用20%的石灰乳粉刷笼舍墙壁，以利吸收潮气和消毒。兔舍笼内每隔3~4天消毒一次，兔笼底板要保持干燥清洁，洗净后放在阳光下暴晒。

**2.防饲料变质。**春季饲草含水量高，采集的牧草容易霉烂变质，所以要控制好饲料的品质，不要喂带泥水和堆积发热变黄的青饲料，少喂多汁饲料。阴雨天采割的饲草，应晾干表面水分后再喂，并搭配喂些干粗料。精饲料中可适当拌些捣烂的大葱、大蒜等杀菌性饲料，以增强兔子的抗病力。

**3.防烈性传染病。**春季是家兔兔瘟、巴氏杆菌和魏氏梭菌等烈性传染病的高发期，要认真做好防疫灭病工作，及时免疫接种，切不可心存侥幸。发现患病兔要及时进行隔离治疗。患巴氏杆菌病兔可内服藿香正气丸，每天2次，每次半包，拌入饲料中喂给，同时肌注磺胺嘧啶，每公斤兔体重0.5毫升，每日早晚各一次，第一次加倍量，连用3~5天。患魏氏梭菌病兔，可一次内服青霉素5万单位，链霉素50毫克，同时肌注2.5%恩诺沙星0.5毫升，每日2次，连用2天。（福建　傅春贵）

## 缩短肉兔育肥期九措施

**1.选养良种。**从当前养殖的肉兔品种来看，应首先选择早期生长发育快的品种，如美国加利福尼亚兔、丹麦白兔、日本大耳白兔、比利时兔、法国公羊兔、新西兰白兔、德国巨型兔等。以上品种耐粗饲，适应性好，抗逆力强，生长发育快，体重大，均能在90日龄前出栏，养殖者应依各自情况选养。

**2.利用杂交优势。**充分利于杂交优势培育兔苗，要培育出优良的兔苗，就应选好父、母本种兔。父本种兔要求肉质好，早期增重快，饲料转化率好、屠宰率高；母本种兔要求产崽多，母性强、乳量大，哺育能力好，仔兔成活率高且发育整齐。这样的种用兔杂交繁殖的后代，基本上都是优良兔苗。生产实践证明，利用两个品种的优质肉用兔，进行二元杂交的后代，可使生长增重率较对照组提高15%~21.3%，且提早4~6天出栏，经济效益提高15%以上。

**3.保持合适舍温。**兔舍的温度过高或过低，均会影响到兔子的生长发育速度，降低其生产性能。在集约化饲养条件下，育肥幼兔的最佳生长温度是24℃；到幼兔消化酶体系完全成熟期的42~46日龄时，以18~24℃为好；生长期为15~25℃。因此，在修建兔舍时，应根据当地气候特点，选用开放、半开放或全封闭、室内笼养兔舍，同时应注意兔舍的保温隔热。兔舍四周应种植花、草、树木。冬春采用安装暖气，生火炉、红外线炉，装保温散热板等方法提高兔舍的温度，适当增加饲养的密度。夏秋期间兔舍内应安装电风扇等排气设备，加强通风换气；让兔多饮水。同时每公斤日粮中添加维生素C200毫克，以减少兔的热应激，加快生长速度。

**4.控制舍内湿度。**育肥肉兔舍内湿度以60%~65%为宜，一般不可低于40%或高于75%，以60%为佳，应严格控制好。湿度过大易引起疥癣、球虫病、湿疹等；湿度过小会引起呼吸道黏膜干燥，导致细菌、病毒感染发病。因此，应加强舍内外的空气交换，减少舍内的饲养密度，及时清除舍内的粪尿和垫草，在排粪沟内撒些石灰、草木灰等吸附剂，使兔舍内的湿度得以降低。

**5.减少舍内有害气体。**兔舍内有害气体的允许浓度标准是：氨气小于30毫克/立方米，硫化氢小于10毫克/立方米，二氧化碳小于500毫克/立方米。调节和控制好兔舍内有害气体的关键措施是：降低舍内的饲养密度，降低温度，增加清粪次数，减少舍内水管和饮水器的泄漏，合理设置饮水用具，充分利用门、窗加速自然通风，确保舍内空气清新。进出风口应安装网罩，防鼠、蛇、蚊、蝇等侵入舍内伤害和传播疾病，也应注意避免“穿堂风”直入舍内引起兔子感冒等病发生。

**6.减少光照。**育肥肉兔在饲喂全价日粮的条件下，是吃饱、饮足、无光照、熟睡眠、生长快。仅在添水、添料、清扫卫生和观察健康的时段所带给的光照就已够兔用了。生产中确需增加光照时，可采用白炽灯或日光灯，但以白炽灯为好，因其光亮度均匀而不刺激兔眼。普通兔舍多依门、窗供给自然光照，一般不需补光。

**7.增加夜食。**兔子的特性是：喜静、吃饱、饮足、休息、生长。兔子喜夜间活动，采食消化快，应增喂夜食，以供足营养促进生长。据测定：育肥肉用兔夜间的采食量，是全天总采食量的70%~75%，故让肉兔快长必须加喂夜食。宜在晚9时和早2时各饲喂一次草料，并供足卫生饮水，可使成活率和生长增重率提高7%和18%，且肉质嫩脆、适口性好。

**8.严控噪音。**兔子胆小怕惊，突然的噪声极易引起强烈的神经状态应激，出现受伤或撞损兔体。因此，在修建兔场时，就应选在远离公路、工矿企业和污染小的地方；饲养加工车间应远离生产区；选择换气扇时，噪音不可太大；日常的饲养人员、管理人员操作时，动作应轻稳，避免引起刺耳或突然的异声；严禁在兔舍周围燃放鞭炮。为了减消应激症状的发生，国内外已有试验结果证实：在兔舍播放轻音乐催眠曲，兔子表现安静，似半休息状态，很少活动，对外界应激症减消明显，增重率较对照组提高21.4%。

**9. 适时出栏。**育肥肉兔就日龄而言，一般以60~90日龄上市屠宰为好；就重量而言，应该以活重2.25~3公斤出栏上市为宜。如果日龄或活重太小，会影响到收效；太大，又会增加饲养成本，这样都不合算。（陕西　李章锁　朱富财）

# 怎样提高野鸡育雏成活率

**1.温度及湿度**。控制好温、湿度是育雏成功的关键所在，一般要求室温达到33~35℃，相对湿度控制在60%~70%之间。在不影响温度的情况下，保持空气清新，严防贼风。也不要硬性依照温度表行事，应当“看鸡施温”，切勿“看表施温”。

**2.初饮及开食**。雏鸡出壳后3小时供给温水，建议水中加入8%的红糖或葡萄糖、0.1%的维生素C、0.01%的高锰酸钾或饮速补-18溶液。饮水供应不能间断，以免发生抢水猛饮引起湿毛、拉稀。12小时后即可开食，开食饲料宜选用大小适中、新鲜、易于啄食的饲料。1~7天的饲料中熟鸡蛋可占饲料总量的60%，以后改用全价料。要求饲料的代谢能每公斤达11.7兆焦，粗蛋白含量达25%，1周内日喂8次，以后日喂5次，喂料做到少量多次。

**3.光照控制**。前3天为24小时光照，以后每周递减2小时直至正常光照。光照不能太强，否则易诱发啄癖，最好使用红色光。光照要保持稳定，不能忽明忽暗，每平方米3瓦即可。

**4.疏散密度**。1~10日龄，每平方米80只；11~30日龄，每平方米30只。密度过大，室内空气污浊，卫生条件差，易发生疾病；密度过小，造成饲养成本增加。

**5.断喙**。野鸡易发生啄癖，因此日粮要求营养全面。断喙是解决啄癖最为行之有效的办法。断喙可采用断喙机来完成，也可用200瓦电烙铁，在烙头上钻个大小适中的孔，把鸡嘴放进去转一圈即可，当然也可用剪刀进行，但要注意止血。上喙切去1/2，下喙切去1/3即可。首次断喙宜在15日龄进行。

**6.疾病防治。**初饮时饮0.01%高锰酸钾水一次，清理肠道，2~6日龄饮用0.25%恩诺沙星水，防治白痢。7日龄翼下刺种鸡痘疫苗。8~10日龄每天每只用青霉素2000单位拌料，可抑菌和防止球虫的发生。11日龄时接种鸡新城疫Ⅱ系苗，比较理想的方法是点眼。15~30日龄时以预防球虫为主，月末用驱虫药驱鸡体寄生虫一次。

由于野鸡抗病力强，只要加强管理，重视卫生、消毒，坚持“预防为主，防重于治”的原则，育雏成活率一般可以达到90%以上。（湖南　刘沛）

## 蛋鸡植物性饲料的配制方法

配制适当的植物饲料，掺拌在母鸡日粮中饲喂，既可提高产蛋率，还可降低养鸡成本。现将植物饲料的具体配制及饲喂方法介绍如下：

（1）用猪油将芝麻炒熟，第一天每只喂15～20克，不饮水；第二天喂后可饮水。以后每隔5～7天喂一次，每次每只喂10～15克，其他日粮按常规饲喂，可以提高产蛋率40%左右。

（2）将黄豆爆炒后打成粉，按6%的比例掺入饲料中喂给，可提高产蛋率5%～10%。

（3）在蛋鸡日粮中加入7%左右煮熟的菜籽饼喂给，可提高产蛋率10%～15%。

（4）用0.7公斤黄豆粉，加3公斤水制成豆浆饲喂100只蛋鸡，每天上下午各喂一次，可提高产蛋率15%左右。

（5）将玉米花粉掺入饲料中喂蛋鸡，可使产蛋率提高

11%，而且蛋黄增大。

（6）在饲料中添加3%～5%的花生壳粉，可提高产蛋率10%～15%。

（7）添加3%荞麦喂鸡，每月每只鸡产蛋可达到20个左右，对于停止产蛋的鸡，只要喂5～7天，即可恢复产蛋。

（8）在蛋鸡的日粮中加入6%的脱脂松针叶粉，可提高产蛋率15%左右，而且蛋增重。

（9）在蛋鸡饲料中拌入4%～5%的花生粉或葵花子粉，可提高产蛋率15%～20%。

（10）将1.5%～2%的干艾粉拌入饲料中喂鸡，月余后可提高产蛋率15%～20%。

（11）用红辣椒粉、苜蓿粉各1%再加入少许植物油拌入饲料中，可提高产蛋率10%左右。

（12）在日粮中加喂适量的胡萝卜，可提高产蛋率5%～8%。

（13）用聚合草和日粮按1∶1的比例喂鸡，可提高产蛋率15%以上。

（14）在日粮中加入3%～5%的葵花子盘和秆瓤粉，可提高产蛋率10%左右。

（15）在蛋鸡日粮中加入适量的发酵锯末，可使270日龄产蛋鸡的产蛋率达到75%以上。

（16）细绿萍繁殖快，产量高，蛋白质含量丰富，并含有多种维生素，在蛋鸡饲料中适当添加细绿萍，可使产蛋率提高20%左右，延长产蛋期20余天。

（17）在饲料中加入适量的小球藻或海藻喂鸡，可使蛋重增加，产蛋率提高15%～25%。

（18）在饲料中加入3%～5%的茶叶末，不仅可提高产蛋率，还可增强鸡的体质，降低发病率。在饲料中拌入适量的茶叶水，可提高产蛋率50%以上。但要注意，泡茶时必须用开水，盖好泡0.5~1个小时。茶壶内空气愈少，保持下来的养分就愈多。

（19）用中草药做添加剂，可增强鸡的抗病力，提高产蛋率15%以上。中草药添加剂的配方是：穿心莲、苍术、昆布各5克，板蓝根、蒲公英各2克，金银花1克，绿豆8克，麦芽3克，将它们混合研制成粉后，再加入硫酸锰12克，硫酸锌9克，硫酸亚铁13克，硫酸铜1克，亚硒酸钠0.025克，硫酸镁0.25克，硼酸0.25克，玉米面粉500克，鱼粉25克，麦麸15克，全部混合均匀即可。

（20）喂芳香植物。在饲料中均匀加入10%的葱、芹菜、韭菜、蒜、姜等芳香植物，能增强母鸡的食欲，兴奋肠胃，可提高产蛋率10%以上。（辽宁　吴凡）

## 夏季蛋鸡饲养管理要点

**1.降低环境温度，营造适宜舍温。**产蛋鸡的适宜温度为15~23℃，当气温达到30℃以上时，鸡就会陷入热应激状态，表现为体温升高，呼吸加快，采食量及产蛋率下降，温度再高就有中暑危险。解决办法：

（1）搭设凉棚。在鸡舍上方搭设隔热凉棚，将鸡舍遮盖，减少太阳辐射。并在鸡舍向阳面和进风口一侧搭设荫蓬，遮挡太阳光，使凉爽空气进入舍内。

（2）植树遮阳。在鸡舍周围栽植生长快而且透风好的梧桐、白杨等大叶冠树木，种植葡萄、丝瓜、栝楼等藤蔓攀爬植物，使其茎叶遮盖鸡舍房顶和墙壁，可减少辐射热和反射热。

（3）通风换气。目的是排除舍内的污浊空气，换进新鲜空气，以调节舍温。要经常打开鸡舍门窗，并安装电风扇，改横向通风为纵向通风，使流经鸡体的风速加大，以排出舍内的暑热浊气，使舍温下降。

（4）喷水降温。舍温高时，用高压喷雾器将清凉水进行空间喷雾，每隔一小时喷1次，并将水洒地面、墙壁和房顶，以使水气化吸收舍内热量，降低舍温。

（5）剪羽散热。鸡无汗腺，羽毛丰厚，散热困难，将鸡脖子、胸腹、翅膀下的羽毛全部剪掉，留毛茬1.5厘米，有改善鸡体代谢作用，可加快鸡体散热，调节降低体温。

（6）降低饲养密度。减少鸡笼和运动场面积内的饲养只数，有利于空气流通和鸡体散热。笼养鸡减少70%~80%，平养鸡每平方米3~5只。

**2.增喂青绿多汁饲料**。青绿多汁饲料（胡萝卜、芹菜、西瓜皮等），清凉适口，营养丰富，含有多种维生素，夏季喂鸡一举多得，不仅补充鸡体所需的维生素，节省饲料，而且清热降温，生津解渴，增加食欲和产蛋率。饲喂方法：

（1）胡萝卜。切碎在鸡日粮中添加10%~20%。

（2）芹菜。每两天喂1次，每只鸡一次40克左右。芹菜叶单喂，芹菜茎切碎加入饲料中。

（3）西瓜皮。切碎，每只鸡日喂50~100克。

**3.添加维生素C**。在34℃高温下，每公斤日粮中添加维生素C200毫克，产蛋率可提高8%；添加维生素C300毫克，产蛋率可提高10%。

**4.添加小苏打**。小苏打有健胃制酸和促进食欲等作用。夏季在鸡日粮中添加0.1%~0.3%小苏打，不仅能增加饲料的适口性和采食量，提高饲料的转化率和产蛋率3%，而且可减轻热应激，防治食欲缺乏及酸中毒等疾病。

**5.饮青绿茶水。**夏季将茶叶用开水闷泡30分钟，兑水让鸡自由饮用，茶渣拌料喂鸡，既可清热降温，减轻热应激，增加食欲和产蛋率，又能消炎杀菌，防治胃肠炎等疾病。

**6.搞好鸡舍的环境卫生。**鸡舍要勤清粪便，勤换垫料并打扫干净，每5~7天用石灰水或来苏儿液对舍内外消毒1次。鸡舍周围的杂草要除净，污水沟坑要填平，禁忌堆放粪便、垃圾等污染环境的有害物质。鸡栖息处要钉纱窗，定期喷药灭蚊蝇，大力消灭老鼠、蟑螂等害虫，确保蛋鸡健康度夏。

**7.科学饲喂。**夏季鸡的消化机能减退，常因饲喂不当吃了不清洁的饲料患胃肠炎等疾病。为了防止病从口入，每次饲喂前，先对饲料进行一次仔细地检查，坚决弃掉霉变的劣质饲料，确保饲料优质新鲜。随即用0.1%高锰酸钾水将饲槽、饮具清洗干净。改拌混料为喂干粉料，饲喂最好在早、晚温度较低时进行，一次添料不宜太多，不应超过饲槽容量的1/3，要少喂勤添，每顿料分2~3次添加，可以引诱鸡争先多采食，使饲槽内不剩料。不留饲料过夜，隔餐的食物需高温消毒后方可喂鸡。每7天给鸡饮一次0.1%高锰酸钾水，可以起到消毒杀菌、净化胃肠、防治疾病的作用。

**8.供足清新饮水。**夏季鸡的饮水量大，要经常供给鸡新鲜清洁的饮水，水中加入抗热应激的药物，如维生素C、杆菌肽等，还要常给鸡饮绿豆汤，提高鸡清热解暑的能力。充足祛暑的清凉水会加快鸡体散热及清理胃肠代谢的毒素，强健鸡的体质，提升产蛋率。（陕西　张双德）

# 提高鸵鸟产蛋率的技术要点

## 一、选种与配比

1.如果选购成龄鸵鸟，以选购同一个品种的非洲黑鸵鸟最为理想。一般产蛋率高的雌鸵鸟，眼大，颈细长，背部平直且后部羽毛稀而短，尾巴下垂而不平举或上翘，体形丰盈紧凑、厚实，不肥不瘦，性情温顺，愿意与人接近。相反，如果两翅不经常抖动，头部高仰而不贴近地面，胆小，不敢接近人，两喙也不张合，也不摇晃，没有发情表现，这种鸵鸟产蛋率很低或不产蛋。

2.雄雌鸵鸟的配比要适当，一般以雄雌比例为1：2或1：3最适宜，也可以按照2：5的比例选购。选择雄鸵鸟的要求是：喙红、腿红、眼圈红、泄殖腔周围红、生殖器大而红，眼亮有神，头大，颈粗长，体躯前高后低，而且雄性强，配种能力好，遗传性稳定。这种雄性鸵鸟，一般每天有效配种5次，可使雌性鸵鸟受精好，产蛋率高。

3.选购鸵鸟还应考虑其年龄大小，可根据自己的饲养条件和目的来选购雏幼鸟或种鸵鸟。选购种鸵鸟一般选择3龄以上的成龄鸟较为实际，这个龄期的鸵鸟每年可产蛋100枚以上，优秀的种鸵鸟可年产蛋150枚左右，一般情况下，每隔一天产1枚蛋，连续产蛋20枚左右，休息一个星期左右，又接着第二个产蛋期、第三个产蛋期，连续产蛋不停，如果饲养管理得当，鸵鸟有效繁殖年限能达40年不衰，而且种蛋的受精率都在80%以上。

## 二、营养的平衡

1.营养水平不仅决定鸵鸟的生长速度和饲料的利用率，尤其对鸵鸟的产蛋率有很大影响。因此，在牧草旺盛季节，鸵鸟除自由采食牧草或其他食物来满足其营养需求外，还应根据鸵鸟的钙磷需要配备精饲料，但不能多喂脂肪高的饲料，鸵鸟对脂肪吸收能力较差，饲喂过肥，会使产蛋率下降或停止产蛋。

2.在鸵鸟产蛋期间，除了补饲足够的钙磷外，还应在足够的饮水中补充无机盐和多种维生素。如果所供给的营养不平衡，或者饲喂中途更换饲料配方，也会严重影响产蛋率，甚至停止产蛋。

**三、环境、温度的影响**

1.饲养一个或几个繁殖组鸵鸟，首先要让其适应生活环境，要有一个安静的环境，并有一个较大的能供鸵鸟自由活动的场地。一般情况下，鸵鸟的生活很有规律，每天清早起来，先沿着网栏边自由跑步，约15分钟后即进行配种，然后自由采食。鸵鸟交配一周后，雌鸟开始产蛋。因此，鸵鸟有了充足的活动场地后，才能不断提高交配能力和精液活力，也才有利于提高其产蛋受精率。

2.在炎热的夏季，应在活动场地搭棚或栽种树木遮阴，供鸵鸟歇息；在0℃以下的冬季，雌鸵鸟还将继续产蛋，但雄鸟的配种次数和能力却大幅度下降，种蛋的受精率也会逐渐降低。这时，可采用塑料大棚遮盖，留出透气窗，适时通风、换气，以此来改变环境条件，提高温度，从而大幅度地提高其受精率。

**四、其他技术措施的应用**

1.根据实践，给种鸵鸟饲喂粉碎的海带粉末，可使雌鸵鸟提高发情率，而且产蛋多，鸵鸟的休产期明显缩短，蛋的受精率也大幅度地提高。其方法是：在每天定时定量4次的饲喂当中，分两次分别在鸵鸟的青绿或精饲料中添加6%左右的海带粉，可使产蛋率提高20%，蛋黄中碘含量可提高10多倍，蛋的受精率也可提高30%以上。

2.在冬季要想让鸵鸟连续不断地产蛋，而青绿饲料又供应不足，可在日粮中添加适量的无机盐和复合维生素。在饲喂混合颗粒精料时，为防止鸵鸟生长过肥，影响产蛋性能，再加入40%左右的优质草粉，可使产蛋率不受任何影响，效果很好。（陕西 汝东）

## 冬季提高群鸭产蛋率六措施

**1.另组鸭群，分群饲养。**蛋鸭经过一年的生产，进入冬季以后，由于每只鸭的体质不同，造成整个鸭群产蛋不均匀。应对全群蛋鸭逐只进行检查，将产蛋好的放在一起，组成一个生产群，加重料、精料饲养，保持正常的产蛋率；将体质差、产蛋少或不产蛋的鸭另外放在一起，组成一个恢复群，以保养为主，放轻料，待到开春天气转暖时再全面加喂饲料。这样分群饲养，可克服“吃大锅饭”、体质差的鸭短期不能恢复产蛋，浪费饲料；产蛋好的，往往因没有满足营养需要，难以提高产蛋率的不良现象。

**2.堵塞漏洞，预防“贼风”。**冬季，要把鸭舍四周的漏洞堵塞好，尤其是在北面的，遇上大风天气，应加围塑料薄膜；南面无玻璃窗的要挂好草苫，遇晴暖天气的中午前后，可卸下部分草苫，适当通风、透光；鸭舍无“灰顶”的，应在离地面2~2.5米高度，用木条或竹竿搭成阁，铺上一层厚稻草，以减少鸭舍内的热量散失。运动场的西北面边沿也要筑一道高3米左右的挡风墙或草苫屏障。

**3.勤换垫草，保持干燥。**冬天一般可不出粪，必须出粪时，首次垫草厚20厘米以上，次日早晨还需加垫一次干草，以后见湿即垫，经常保持舍内干燥，防止鸭子湿毛受凉。

**4.适当减少舍外运动。**冬天，每天放水1~2次即可，风雪天要抢晴放或不放。早上放鸭要在霜化后进行，下午放鸭也应在3点钟前结束。下水前要赶鸭慢跑片刻，以增强鸭的御寒能力；下水半小时即应赶鸭上岸，上岸后必须让鸭在运动场上运动片刻，待毛干后再赶进舍内，但不宜运动过久，以免消耗营养过多。冰冻天放水前要先把冰块敲碎、清除后再进行。

**5.通宵照明，不宜强光。**光照不足，会影响鸭的产蛋率。冬季夜长昼短，因而除白天在鸭舍的向阳面留有一定的窗门外，夜里鸭舍内要通宵亮灯，一般每20平方米装一盏15瓦的灯泡。如遇停电。应及时挂上煤油灯或点上蜡烛，保持相应的亮度。光照要均匀，不要强光、闪照或频繁开关灯。

**6.合理配料，精心饲喂。**冬季，蛋鸭饲料中应适当提高蛋白质、维生素、矿物质的含量。一般要求每公斤饲料中含代谢能11704焦耳，精蛋白20%~22%，多添加一些螺蛳、小虾、蚬、鱼料等饲料，冬天饲料尽量做到昼夜不断供应；每天凌晨3点钟左右还要检查一次，如食盆中已没饲料，应添加一些易消化的饲料和温水，以免蛋鸭产蛋后出现饥渴。对体弱而又产蛋少的鸭，及时添喂些鱼肝油，补充添加些多维素，精心饲喂，都能收到提高产蛋率的效果。（江西　徐根火）

# 种鹅饲养有巧招

**1.公母巧搭配。**种鹅的公、母搭配要适当，否则会影响受精率。根据母鹅在产蛋期受精率由低到高和公鹅随着气温升高性欲逐渐旺盛的生理变化，应合理调配公、母比例，每100只母鹅从产蛋开始搭配15~17只公鹅，产蛋高峰期搭配10只，后期搭配7只。鹅在清晨性欲特别旺盛，可在早晨一开栏就将其赶往宽广的水域中，让它们嬉戏交配。

**2.产期巧喂料。**种鹅在产蛋期要多喂料、喂精料。除放牧让其自食外，每天要喂两顿精料，每只鹅每顿至少要喂100克，同时饲喂适量的食盐、贝壳粉等矿物质饲料。产蛋高峰期还要加喂一顿夜餐，以保证种鹅的营养需要和种蛋质量。

**3.抱窝巧复产。**有的母鹅产10枚蛋以后就出现抱窝的生理反应，此时应及时驱赶，不让它占窝，同时停止给料，迫使它外出觅食活动，一般5天左右即可消除其恋巢性，而后再补喂饲料，促其早日恢复产蛋。

**4.停蛋就淘汰。**对停蛋的母鹅应及时淘汰。鉴别的方法是，一只手抓住鹅的两翼基部，用臂夹住头部，另一只手顺着腹部用力向前摩擦几下，如有羽毛脱落则是停蛋标志，这样的母鹅应立即淘汰。（广西　陆明华　周横）

# 提高雏鹅成活率技术要点

在养鹅生产中，育雏技术是关键，它直接影响着养鹅的经济效益。根据雏鹅(出壳后至20日龄)绒毛稀，体温调节能力差，消化能力弱，既怕冷、怕热又怕湿的特点，现将鹅的育雏技术要点介绍如下：

**1.育雏舍的准备。**进雏前两周，应将育雏室冲洗干净，用10%新鲜石灰水消毒地面、墙壁，用2%烧碱水洗刷用具，并将食糟、饮水器以及照明、保温、排气等设备准备好。

**2.选好雏鹅苗。**雏鹅的质量优劣，对雏鹅的成活率和生长发育有直接影响。鹅苗应选自注射过小鹅瘟疫苗的母鹅后代。选择雏鹅的方法可归纳为“一看二摸”。一看是看雏鹅的精神状态，绒毛色泽。二摸是用一只手持雏鹅颈部及胸部，另一只手由背向后摸至尾部，检查腹部是否涨大，并观察抓摸时的反应。选苗时可参考以下健雏标准进行鉴别：①体重符合品种要求，群体整齐；②脐部被腹绒毛覆盖，紧而干燥；③腹部广阔平坦，蛋黄吸收良好；④羽毛洁净而富有光泽；⑤充满活力，精神好，反应灵敏；⑥握在手中感触有弹性，挣扎有力，鸣声大。

**3.运输雏鹅要防止受寒风吹和炎热高温。**在初春季节由于气候寒冷，雏鹅运输宜用封闭式车辆，但雏鹅在运雏箱内不宜装得过多；车内温度高时，可打开车窗，但风不能直接吹向小鹅。在炎热的夏季，宜用敞篷车或在晚间运输。经过长途运输或处于高温和饮水不足时，雏鹅容易出现脱水。确定雏鹅脱水的方法：可先用几只雏鹅做饮水试验，如饮水后10~15分钟发生颈后翻、仰面跌倒、两腿抽搐现象，说明已经脱水。这时应采取紧急措施，提高室温到30~32℃，用0.9%的食盐水泡细菜叶，把脱水的雏鹅赶到撒有菜叶的塑料膜上，随吃随给，待所有的雏鹅吃饱后，用食槽喂料，吃料后再饮水。

**4.适时饮水和开食**。出壳后24小时，当大多数雏鹅已开始做啄食姿势或发出叫声时，就应供水和喂料，先饮水后喂料。第一次饮用0.02%的高锰酸钾水溶液，先将雏鹅嘴浸入水中，使之自饮3~5分钟，以满足其对水分的需要，刺激食欲，促进胎粪排出，这对雏鹅以后的发育是有利的。在几天内最好供给温开水。3日龄内的雏鹅，应喂给开水烫过或蒸煮至八成熟的小米、碎米或玉米面，并在其食料中添加鸡蛋黄，每10只雏鹅加1个蛋黄。食料要求不黏，保持散状。每日喂6~8次（夜间2次）。从喂熟食至喂生食逐渐过渡，不要突然更换。从4日龄起可喂些青绿饲料，为防止雏鹅拣青料吃，可先喂精料，再喂青料。11~20日龄的雏鹅以喂青绿饲料为主，精料占日粮的20%~30%，随着日龄的增长和机体能力增强，雏鹅可以放牧。在大群饲养时，对体质弱、发育缓慢的个体，要及时分群喂养，多给一些精料、好料，细心护理，待生长赶上后，再合群饲喂。

**5.注意合理喂料**。雏鹅消化道容积小，消化能力差，所需饲料要求新鲜和易于消化。若无全价饲料，精料可用米饭、碎米或玉米面代替，青饲料可喂莴苣叶、白菜叶、黑麦草等。碎米喂前用清水浸泡2~3小时，沥干水分即可饲喂。青饲料喂前应除去草叶、烂叶，洗净后切成细丝。饲喂时要注意喂量，一般每100只雏鹅日喂量为：1~2日龄时喂青饲料0.7公斤、精料0.4公斤，3~6日龄时喂青饲料2公斤、精料0.7公斤，7~9日龄时喂青饲料3.5公斤、精料2公斤，10~15日龄时喂青饲料7公斤、精料3.5公斤。以后逐渐增加。切忌喂干料，以防雏鹅饱食后因口渴而大量饮水以致腹胀死亡。

**6.注意保温防湿。**雏鹅调节体温能力弱，饲养中应严格控制温度、湿度。保温期的长短因品种、气温、日龄和雏鹅的强弱而异，一般需保温2~3周。适宜的育雏温度是1~5日龄为28~27℃，6~10日龄为26~25℃，11~15日龄为24~22℃，16~20日龄为22~20℃，20日龄以后为18℃。温度是否合适，可通过观察雏鹅表现来了解，雏鹅拥挤成堆，不吃食，说明是怕冷，温度偏低，此时除增温外，还应用手拨散雏鹅，使之活动，防止被挤压死。如雏鹅张口呼吸，叫声高而短，饮水量增加，说明受热，温度偏高，应增加饮水，及时适当降温。如雏鹅伸腿，三五成群，静卧无声或有规律吃食饮水、排泄粪便，间隔10~15分钟运动1次，是温度适宜的具体表现。鹅舍湿度对雏鹅的健康和生长也很重要，一般要求相对湿度维持在60%~65%。湿度过大，温度低，小鹅易患呼吸道疾病和腹泻；湿度过大，温度偏高，小鹅易“出汗”，食欲减少，抗病力降低。所以，雏鹅饮水时(因鹅是水禽，有戏水习性)，要使雏鹅不入水槽，水不沾身，不洒水于地面上，保持鹅舍干燥。雏鹅舍内的垫草或锯末2~3天应更换1次。

**7.食槽规格和饲养密度要适宜。**不同日龄鹅的食槽规格不同，一般1~7日龄鹅的食槽长宽高分别为90厘米、7厘米、5厘米；7~30日龄鹅的食槽长宽高分别为90厘米、10厘米、7厘米。饲养密度要根据饲养条件和方式决定，一般雏鹅平面饲养时每平方米的只数为：1~2周龄20~35只，3周龄15只左右，4周龄10~12只，以后随日龄增加而减少，每群以100只为宜。

**8.适时放牧和下水。**放牧可以使雏鹅提高适应外界环境的能力，促进消化和新陈代谢，利于体质锻炼，增进健康，减少疾病，提高成活率，同时又能节省大量的饲料。放牧应视天气冷、热及鹅的日龄而定。天暖时，5~6日龄即可放牧，天冷时则要在15~20日龄后开始放牧。初放牧时20~30分钟即可赶回育雏室，每天两次。放牧时应注意时间由短到长，路程由近到远，慢慢驱赶；放牧前喂料由少喂到不喂，使之习惯采食青草；天凉时迟放早归；雏鹅胸腹部换羽时，要在露水干后放牧，防止腹泻。雏鹅饲养至4周龄羽毛长出后方可下水活动，应在晴暖的天气，让雏鹅先在水边戏水，逐渐适应水中生活。

**9.加强管理，注意防病。**要经常保持鹅舍的清洁卫生，勤打扫场地和更换垫草，饲槽和饮水器要每天清洗，用具和鹅舍要定期消毒，夜间要有专人看守，注意温度是否适宜和防止鼠害。母鹅未注射小鹅瘟疫苗者，1~3日龄时要皮下注射抗小鹅瘟血清0.3~0.5毫升。2日龄时要通过饮水和混料投放磺胺类或呋喃类或土霉素等药物，根据用药说明，连用3天，每天两次，停药10天后，再连用3天，以预防雏鹅沙门氏杆菌病和禽霍乱。（山东孔令文）

## 鹅的活体拔毛新技术

由于羽绒制品的内销和出口量连年猛增，羽毛价格持续上涨，为了生产出更多的优质羽绒，提高养鹅户的经济效益，养鹅户应实施鹅活体拔毛的新技术。

**一、适合活体拔毛的鹅**

活体拔毛是一项极具推广价值的新技术，它能使养鹅者经济收益成倍增加。一般如雁鹅，皖西白鹅、浙东白鹅、莲花白鹅、兴国白鹅、狮头鹅、马岗鹅等，均可在休产期活体拔毛几次，专用于活体拔毛的鹅一年可以拔毛6~7次。现介绍各类适用活体拔毛新法的鹅如下：

1.肉用鹅。肉用鹅有两种类型：一类是肉用仔鹅，这种鹅不适合活体拔毛，因为这种鹅养到可拔毛时也就应上市屠宰了。另一类是肉鹅，这样的肉鹅养到90~100天即可开始拔毛，一般体重达3.5公斤以上的鹅，第一次拔毛可获得含绒率为20%的羽绒80克左右。拔毛后再养40天，新毛又长齐，可再次进行拔毛。这样可连续拔毛3次，到冬季再把鹅出售或屠宰。

2.后备种鹅。选出的后备种鹅养到90~100日龄，可进行第一次拔毛，以后每隔40天左右拔毛1次，直到开产前一个月左右停止，一般可以拔毛3~4次。

3.种鹅。种鹅到夏季一般都会停产换毛，必须在停止生产以后还没有换毛之前抓紧进行活体拔毛，直到下一次开产前一个月左右，可拔毛3~4次。对种鹅进行活体拔毛，可降低种鹅饲养成本，是增产增收的良途。

4.肥肝鹅。子鹅是不能用于填饲生产肥肝的，需要再饲养一段时间，这时就可拔毛1次，等到新毛长齐后再填饲。若当时天气炎热，还可以拔毛1~2次。待到天气凉爽且新毛长齐后，再填饲生产肥肝。

5.专用拔毛鹅。其不论公母，也不论季节，专用于拔毛的鹅都可连续拔毛6~7次。

**二、拔毛前的准备**

1.鹅的准备。选择适合活体拔毛的鹅群，并对鹅群进行必要的检查，剔除发育不良、体弱消瘦的鹅。拔毛前几天应抽取几只有代表性的鹅，看有无血管毛，当发现绝大多数羽毛的毛根已经干枯，用手试验性拔毛容易脱落，表明羽毛已发育成熟，即可进行拔毛了；若发现血管毛较多，且不易拔脱，就应推迟一段时间，等羽毛发育成熟后再拔毛。

鹅在拔毛前一天晚上应停止喂料和饮水。如鹅体羽毛脏污，应在拔毛前几小时让鹅下水洗浴。为易于拔毛，可在拔毛前10分钟左右，给每只鹅灌服中度白酒10～12毫升。拔毛应选在晴好无风干燥的日子进行。

2.场地和设施的准备。拔毛必须在无灰尘、无杂物、地面平坦、干净、门窗关闭的室内进行。非水泥地面，应在地面上平铺一层干净、光滑的塑料薄膜。室内摆好足量的存放羽毛用的干净、光滑的木桶、木箱。备好镊子、红药水和紫药水、脱脂药棉，以防万一拔破皮肤时消毒杀菌用。

**三、活体拔毛的操作方法**

1.找准适合拔毛的部位。鹅的胸部、腹部、体侧和尾根都是拔毛的主要部位，其次还有颈下部和背部。鹅的翼羽和尾羽不宜拔毛。

2.鹅的保定。拔毛者坐在凳子上，把鹅身翻转过来，使其胸、腰部朝上，鹅头向着人，平放在拔毛者的双腿上，将鹅头按在拔毛者的两腿缝下面，用两腿同时夹住鹅的头颈和双翅，使鹅不能动弹，但决不可夹得过紧，以防发生窒息。采用这种保定方法，拔毛者的两只手都空闲了，就可一只手按压住鹅皮，另一只手拔毛，两只手还能轮流拔鹅毛，可以减轻手的疲劳，大大有利于持续工作。

3.拔毛的方法。一般有两种方法：一种是毛片和绒朵一起拔；另一种是先拔毛片后拔绒朵，毛片和绒朵分开存放。但均以先拔黑头或灰头等有色绒，再拔白色毛绒为好。

拔毛的基础要领为：腹朝上、拔胸腹、指捏根、用力均、可顺逆、忌垂直、要耐心、少而快、按顺序、拔干净。具体操作方法是：先从颈下部开始，依次为胸部、腹部，由左到右。用拇指、食指和中指捏住羽绒，一排挨一排，一小撮一小撮地往下拔。拔毛时手指紧贴皮肤毛根，每次拔毛不得贪多（一般为2～4根）。胸、腹部拔毛后，再拔体侧、腿侧、肩和背部。除头部，双翅和尾部以外的其他部位都可以拔取。随手将毛片、绒朵分开放在固定的容器里，绒朵一定要轻慢放入，以防飘飞。放满以后应及时扎紧袋口，且装袋时必须保持绒朵的自然性，千万不可揉搓。

4.注意事项。应防止将毛拔断，拔毛时若拔破皮肤，应立即用红药水或紫药水涂搽伤处，防止感染。刚拔完毛的鹅不得放入未拔毛的鹅群中。若遇鹅的血管毛较多时可延缓拔毛，少量血管毛应避开不拔。少数鹅在拔毛片时会出现毛根部带有肉质，则应放缓拔毛的速度；若为大部分带有肉质，表明鹅的营养不佳，应暂停拔毛。体弱多病、营养不良的老鹅（4～5龄以上的），不应拔毛。加工全鹅制品，要求屠体皮肤美观者，亦不宜活体拔毛。

**四、鹅活体拔毛后的管理**

为了确保拔毛后鹅群的健康，应尽快恢复正常，必须加强饲养管理。

1.拔毛后的鹅群，3天内不可在日光下放养，7天内不能让鹅下水或淋雨。

2.应把鹅放养在预先准备好的圈舍内，圈舍内要求安静，背风保暖，光照较暗，地面干燥、清洁，铺有柔软干净的垫草。

3.每天除供给充足的优质青绿饲料和饮水以外，还应给每只鹅补喂配合饲料150～180克，增加含硫氨基酸和微量元素的供给，促进鹅体快速恢复健康和羽毛的生长。

4.拔毛在7天以后，可以让鹅下水洗浴，且多放牧，多食青绿饲草。

5.种鹅拔毛以后，应将公、母分开饲养，这样能防止公鹅踩伤拔毛后的母鹅。

6.对脱肛鹅宜单独进行饲养，并用0.2%的高锰酸钾水溶液清洗患部几次，即可痊愈。

7.对病弱的鹅应予隔离，加强饲养管理。若拔毛后恢复健康，且每天可下水洗浴，则鹅的羽毛生长快，且富有光泽，更易于拔毛。（陕西　李章锁）

## 鹅的快速育肥技术

中鹅主翼长出后，就可以育肥。育肥就是限制鹅的活动，减少体内养分的消耗，喂以富含碳水化合物的饲料等方法，使鹅长肉与沉积脂肪。一般育肥20~25天后即可屠宰或出售。育肥的方法如下：

1.强制育肥法。将玉米粉、碎米粉、红薯粉和少量豆饼等混合，用水拌和，做成粗约1~1.5厘米、长5~6厘米的条状物，阴干后人工填入鹅的食道中。开始时1天填喂3次，10天后每天填喂5次，一次填4~5条。这个方法虽然费工，但不会浪费饲料。

2.圈养育肥法。用竹片等物做成棚栏，每栏容纳2~4只鹅。栏高60厘米，让鹅能站立。饲槽和饮水槽放在棚栏外面，鹅伸头就可以采食和饮水。各种饲料要磨成粉，拌湿喂给。采用这种方法，育肥期大约要1个月左右。

育肥一段时间后，手摸鹅皮下脂肪增厚，胸肌饱满，翼羽羽根呈透明状态，就可以出售或屠宰。因育肥期短，育肥期公鹅一般可不去势。（河南　宋仁惠）

# 确保鹌鹑冬季平稳产蛋五措施

**1.保温增温**。鹌鹑在温度15~25℃之间食欲旺盛，产蛋多，种蛋受精率也高；低于15℃产蛋率明显下降。因此，在严冬和早春寒冷季节应采取保温增温措施，夜间要在笼上加盖保温物，适当加大笼养密度。

**2.增加光照**。每30~40平方米鹑舍配1只40瓦的电灯，每天天亮前2小时开灯，天黑后2小时关灯，保持稳定的光照度和光照时间。

**3.平衡营养**。冬季应饲喂营养全面的配合饲料，并供给适量沙粒让鹌鹑自由采食，以助消化。同时供给清洁水供鹌鹑饮用。冬季鹌鹑的饲料平衡配方为：豆粕15%、精料10%、鱼粉15%、玉米54%、麸皮3.5%、骨粉1.5%、干草粉1%，适当添加维生素A、维生素B、和维生素D。

**4.环境安静**。在日常饲喂、捡蛋、清粪、加水时动作要轻，不要轻易更换饲养人员。日常要保持笼舍、饮食器具清洁卫生。每立方米空间用25毫升福尔马林、12.5克高锰酸钾熏蒸消毒。每隔7~14天用2%~3%的来苏水对舍内外食具消毒1次。

**5.及时防病**。冬季鹌鹑笼养一般比较密集，一旦发病，要及时隔离治疗。防鹌鹑白痢可用痢特灵拌料（每100公斤饲料加痢特灵20克），连续喂7天。治疗溃疡性肠炎，用青霉素肌肉注射，每只1次1万单位，早晚各1次，或灌服磺胺脒，每只每次1/4片，第一次加倍，一日2次，连续给药5天。治疗支气管炎，在饲料中添加0.005%泰乐菌素，连续10天，停药5天，再

给药5天，喂药的同时在饮水中添加泰乐菌素和红霉素。（江苏　张是　江宽）

## 鹧鸪养殖技术五要点

鹧鸪是野生珍禽，但经驯服也可饲养，它的肉和蛋营养丰富、味道独特，是补身养体的珍品，颇受人们欢迎。鹧鸪生长快，繁殖力强，饲养期短，生产性能好，具有较高的经济价值。养好鹧鸪的技术要点如下。

**1.选好饲养场地。**饲养鹧鸪有平养和笼养。平养宜架天网，网高约60厘米，一般每平方米养20只；笼养可采用3层阶梯式或重叠式笼养，笼的结构为长1米、高0.3米、深0.6米，每笼饲养10~12只。一般种用鹧鸪宜平养，肉用鹧鸪宜笼养。

**2.重抓育雏期。**鹧鸪从出壳至第9周为雏期，这是饲养鹧鸪的关键时期，主要应抓好保温和开食工作。雏鸪出壳头1周，育雏温度应控制在37℃左右，以后每周降低0.5~1℃，直至脱温为止。雏鸪开食前先喂饮0.02%的土霉素溶液，也可喂饮葡萄糖水，并加些复合维生素B溶液。开食宜在出壳后24小时内进行，开食料可用玉米与熟鸡蛋拌匀，将饲料撒在厚纸板上诱雏鸪啄食。开食第二天，便可改喂混合饲料，可用雏鸡料，每天喂料3~4次。育雏期的湿度控制在60%左右。1周龄内要全天光照，1周以后至产蛋前保持每天14~16小时的光照。

**3.轻抓中鸪期。**遮鸪在10~27周为中鸪期，饲养管理比较容易，可投喂中鸡饲料，此时期食量较大，一定要保证足够的饲料的供应，适当增喂清水和虫蚊之类的生物，并要增设有网的运动场，让鹧鸪多活动，以促进其快速生长。

**4.抓好成鸪期。**鹧鸪在28周以上为成鸪期，可采用颗粒母鸡饲料喂食。作种用的鹧鸪，要经选择后按1公3母的繁殖组群分群饲养，并在舍内较暗而又安静的地方设置产蛋箱。鹧鸪产蛋期间光照应保持在每天18小时，这样才能使其多下蛋、下好蛋。如要繁殖的则安排母鹧鸪进行孵化。

**5.防治病害。**鹧鸪最常见的疾病有大肠杆菌病、副伤寒、传染性支气管炎等。大肠杆菌病症状是下痢，粪便呈糊状并带多量黏液；治疗可用复方敌菌净，每公斤体重用13毫升，每天服用2次，连用数天。副伤寒病的症状是黏液性下痢，消瘦，眼半闭并有分泌物。治疗可肌注氯霉素，每只0.2~0.5毫升，同时口服庆大霉素2000~10000单位，每天服用2次，一连用数天。传染性支气管炎症状是咳嗽、流涕和张口呼吸；可采用弱毒疫苗进行接种免疫，目前对此病尚无特效药，主要是做好清洁卫生工作，以预防为主。（福建　蓝招宝）

## 蜂群越冬六注意

1.要保持蜂群的安静，尽量避免外来骚扰。

2.要在巢门板上钉几个小钉，以防鼠害。

3.要在越冬后半期，每隔十天清除一次箱底死蜂。

4.如发现巢门口没有挂霜结冰，说明巢内温度太高，要加强透风。

5.如发现蜂群缺水，要及时喂水，喂水时可用一块脱脂棉卷成一长条状，从巢门口平伸进入箱底，巢门外露出的一头浸入用瓶子装的水中。

6.注意尽量减少开箱检查，若要检查时，可用一根橡皮管从巢门口插入箱底，测听蜂群所发出的声音。饥渴的蜂群在听诊时会发出软弱的簌簌声，用手敲打蜂蜜箱反应很微弱，缺水的蜂群的振翅声会比正常的高。对饥饿的蜂群应及时喂饲优良的封盖蜜。（江西　徐根火）

## 秋季蜂群的饲养管理

秋季有向日葵花、荞麦花以及各种野生山花，利用好这些蜜源，做好越冬准备，应对蜂群采取以下饲养管理措施：

**1.勤摇蜜。**盛花时，每2～4天摇一次蜜，天气好进蜜多，要把巢中的蜜大部分摇出来。天气不佳，要少摇蜜，保留一些饲料蜜。

**2.育新王。**秋季盛花期是育王的大好时节，定地饲养的蜂群和小转地的蜂群要有计划地培育一批蜂王，淘汰老劣蜂王，为繁殖越冬蜂备好优良蜂王。

**3.治螨虫。**秋季可采用杀螨剂1号，以1：4000倍的药液喷雾蜂体；用杀螨2号纸片烟剂，一小群用半片，平箱群用1片，继箱群用2片，放在蜂箱内点燃，密封巢门15分钟，即可达到熏杀螨虫目的；还可把卫生球粉撒在一张纸板上，上面用纱布盖好，当气温18℃左右时，8～10框蜂每次用量2～3克。傍晚把撒药纸板放入箱底，第二天早晨取出纸板，清理死螨烧掉，每3～5天熏1次，每4次为一个疗程。

**4.繁殖冬蜂。**秋花后期是繁殖越冬蜂的最后阶段，也是养蜂生产不可忽视的关键时间之一，要在前段储存蜜脾、摇蜜、繁殖以及治螨的基础上，抓紧蜂群的繁殖。把蜂巢内的全封盖蜜脾和空脾及时提出来，或者储放在继箱内，逐渐把子脾集中在巢箱中，面积小的放在两侧，面积大的放在中间。每张子脾上应保持500克左右的边角蜜，蜂巢内不加空脾，不造新脾，不采取扩大蜂巢的措施。保持蜂路9～10毫米，使蜂箱密集护脾，在现有子脾的基础上继续繁殖冬蜂。

**5.适时断子**。当最后一个蜜源终止后，蜂王即使再继续产卵也不能发育为越冬蜂，而白消耗蜂王体力，使其过早衰老死亡，削弱群势，同时还要消耗蜜粉料。为此，要适当断子。适当断子要在无脾时进行，以免损伤蜂儿，还可利用带有蜂王隔离棚的王笼，蜂王幽闭在王笼里，工蜂通过隔离棚自由进出，同蜂王直接接触，可避免出笼蜂王被围，蜂巢温度升高。

**6.补冬料**。一般以成熟蜜或纯净白糖作冬料，4～5框蜂补蜜10～13公斤。弱群多补，以增群势。以蜜作冬料时，50公斤蜜要加3～4公斤水，放入锅内加温至70℃，持续半小时，溶解结晶核。冬料蜜要保持干净，严防油类等物质混入。以白糖作冬料时，每50公斤白糖加水28～30公斤，先将水加热到100℃再放糖，待糖全部溶化，再加热到100℃，取出冷却后再补喂。补喂时要在短时间内接连喂完，不可延长喂蜜时间，以防蜂王产卵。（湖北　魏新）

# 乌苏里貉的选配及繁殖特点

## 一、选配方式

同质选配：即在具有相同优良性状的公母貉之间选配，以期在后代中巩固或提高双亲所具有的优良性状。这是培育遗传性能稳定、具有种用或育种价值的种貉所必须采取的选配方式，多用于纯种繁育和核心群的选配。

## 二、繁殖特点

1.性成熟。仔貉出生后8~10月龄性成熟，公貉较母貉稍提前。

2.性周期。貉是1年1次发情动物，公貉睾丸从秋分开始发育，到来年1月底2月初睾丸质地松软，附睾内有成熟的精子，开始有性欲表现，并可进行交配，整个配种期可延续60~90天。交配期结束后睾丸很快萎缩，5月份恢复到静止期状态，直到秋分睾丸再次发育，呈年周期性变化。

母貉的性器官发育与公貉相似，卵巢大致也从秋分开始发育至第二年的1月底2月初卵巢内有发育成熟的滤泡和卵子，整个发情期由2月初持续到4月上旬，交配后受胎的母貉即进入妊娠期、产崽泌乳期。未受胎的母貉和断乳以后的母貉又恢复到静止期，直至秋分性器官再次发育，呈年周期性变化。

3.交配行为。发情期公貉比较主动接近母貉，嗅母貉的外阴部，当公貉举足爬跨母貉时，母貉将尾歪向一侧，站立静候公貉交配。公貉爬跨在母貉后背上，后躯频频抖动交配，然后臀部下陷，两前肢紧抱母貉腰部，静停0.5~1分钟，尾根轻轻扇动即为射精。射精后母貉翻转身体与公貉腹面相对，停留一段时间（1~30分钟不等），然后分开，即为交配成功。为确保母貉受胎，应连续交配3天，每天交配1次。

4.妊娠。按初配日开始计算，貉的妊娠期为54~65天，平均60~62天，妊娠母貉变得温顺和平静，食欲日渐增加，妊娠25~30天时可在腹外摸到胎儿，到40天时腹部下垂，行动变迟缓，临产前拔毛做窝、蜷缩于小室内，不愿外出活动。

5.产崽。母貉多在夜间于小室内产崽，分娩持续时间为4~8小时，个别有持续1~3天的，仔貉每隔10~15分钟产出1只，产出后，由母貉咬断脐带吃掉胎衣和胎盘，舔干仔貉身体，直至产完才安心哺乳。个别也有在2~3天间分批产崽的。新生仔貉发出“吱儿吱儿”的叫声。每胎平均产崽9只，最多可产18只。

6.母、仔行为。母貉在产崽前会自行拔掉乳房周围的被毛，使乳头露出，母性很强，产后不出小室，安心哺乳。新生仔貉1~2小时毛绒干后即可爬行寻找乳头吮乳，食后便沉睡，一般间隔6~8小时吮乳一次。仔貉15~20日龄长出牙齿开始采食饲料，45~60日龄可断乳分窝独立生活，5~6月龄长至成貉。（山西 何扣芝）

## 穿山甲人工仿野生养殖技术

穿山甲，别名鲮鲤甲、山甲珠，为鲮鲤科动物。因其食用及药用价值高，现每公斤穿山甲卖价为760~800元。由于野生资源少，加之属保护动物，不准人工捕捉，市场销路较好。人工养殖穿山甲当年投资可当年见效，因此发展人工养殖前景广阔。现将本人几年来所掌握的养殖经验简述如下：

**1.外貌特征及生活习性**

穿山甲体型狭长，身长50~100厘米，尾长10~30厘米，一般体重在0.5~8公斤。头呈圆锥形，吻尖，无齿，舌细长。除腹部及四肢内侧外，全身被以复瓦状排列的角质鳞片，鳞片间杂有稀毛。背部鳞片呈黑褐色或灰褐色。前肢略长于后肢，每肢各具5趾，均具爪，前肢第三趾的爪特长。腹部灰白色，有棕色毛。雌体有乳头2对。胆怯、怕惊，常生活在山间松树林和丘陵林木丛中，昼伏夜出觅食。

**2.种苗来源**

穿山甲种苗主要来源有三个方面：①从相关政府部门批准养殖的特种动物繁育场引种；②靠野外捕捉；③通过繁殖后自留种苗扩大养殖规模。

**3.场所设置及日常的饲养管理**

养殖穿山甲的场地一般选择在坐北朝南、避风向阳、宁静的地方，场地面积150~200平方米，此养殖范围可放养8~10对穿山甲种。场地四周砌好围墙，且石脚深要在2.5米以上，地面铺水泥厚12~15厘米，以防穿山甲挖洞逃脱。养殖场内再堆上4~5个小山包，种上草皮，上面种上松树和一些常绿树木，地板面上预置一个长×宽×深=2米×0.4米×0.3米的小水池，供其饮水及洗身，池中保持活水。另外，在养殖场范围内预置6~8个长×宽×深=1米×0.3米×0.4米的小坑，放上2/3的松树皮，1/3的新鲜鲁箕，盖上土，每天浇上淘米水，连浇3天，7~10天内即可生出白蚂蚁，供穿山甲自由采食。平时买些巴浪鱼或小溪鱼，用油炸烘干后粉碎，放在地上，每个点放上100~150克，放3~4个点，让其自由采食，是解决饵料来源的主要方法。平时以投放的饵料吃得完为准，可逐日增加。刚捕到的穿山甲，一般都会拒食，这时应采用灌服的方法，一般灌服2~3天即可。

穿山甲四季均可繁殖，1公配4母，每年至少产2胎，每胎产1~2只，初生崽无鳞，色白，以母乳为营养物。体重达到250克以后即可独立生活，自己觅食。

**4.疾病防治**

穿山甲一般饲养一段时间后易患三种病：①体表外的虱子病。这时应用10毫升的除虱精兑水3~4公斤，对其体表进行药浴。②肠胃病，拉稀，摄食少。此时应在饵料中加痢特灵、土霉素、氯霉素，连喂4~6天。③球虫病。得这种病的穿山甲一般体质稍瘦、厌食，这时应在饵料中添加硫黄粉（0.5公斤饵料中加入2~3克），连喂3~4天即可。

**5.养殖过程中应注意的问题：**

（1）在饵料中适当加入维生素C、E和微量元素（如锌、铁）、刺激素，并注意饵料的适时更换。

（2）养殖过程中应防止外界的长时间噪声，防逃脱，保持水池有长流水。

（3）穿山甲一般一只200克体重的小苗养至冬季体重应达到500克左右。（福建　陈锦忠）

## 特种动物　竹鼠的养殖技术

竹鼠是野鼠的一种，又叫芒洞老鼠，学名竹鼠，各地有不同的称谓，如竹馏、芒狸、竹狸、竹根鼠、冬毛老鼠等，动物学分类属哺乳纲啮齿目竹鼠科竹鼠属。

竹鼠分布在我国大部分省区，近年来，由于滥捕导致野生资源锐减，部分市场出现供不应求的局面。国内人工养殖竹鼠正逐渐兴起，是一条新兴的、风险较小的致富门路。

## 一、经济价值

竹鼠体大肉多，味道鲜美，营养丰富，毛皮绒厚柔软，具有较高的经济价值。据测定，其肉含粗蛋白质57.78%、粗脂肪20.54%、粗灰分17.36%、粗纤维0.84%、胆固醇0.05%，还富含磷、铁、钙、维生素E及氨基酸、甾类，其中赖氨酸、亮氨酸、蛋氨酸的含量比鸡鸭鹅、猪牛羊、鱼虾蟹有过之而无不及，是一种营养价值高、低脂肪、低胆固醇的野味上品。

竹鼠体胖，身长40～45厘米，生长较快，4月龄体重可达2公斤左右。野生竹鼠以吃竹根、节芒草、嫩竹、竹笋为主，人工驯养后能吃各种秸秆。现就竹鼠的人工养殖技术介绍如下：

## 二、人工养殖技术

### 1.饲养场地选择

竹鼠是一种耐低温，胆小厌光，喜欢在阴暗、凉爽、幽静、无污染环境下生活的穴居动物。它害怕噪音、有毒气体及污水污染的环境。适宜在8～28℃的环境下生长。同时，竹鼠饲养场宜选在地势较高、排水良好，周围有竹林、果林等空气清新的地方。

### 2.窝室的构建

小规模养殖可在庭院围墙下或空地上，也可利用空置的旧房、废弃的仓库修建竹鼠窝。竹鼠窝室要求光线较暗、地面坚固、内墙光滑。按用途可建不同类型的饲养池。

（1）大水泥池。面积在2平方米以上，池内可放一些空心水泥管，供竹鼠藏身，大水泥池适合断奶幼鼠及青年鼠合群使用。

（2）繁殖池。由两个小池组成，内池作窝室，外池作投料间和运动场。内外池底部开一直径约12厘米的连通洞，供竹鼠出入。内室规格要控制在长30厘米、宽25厘米，面积小了不利于竹鼠交配，面积大了竹鼠不会自动清除窝内的粪便和食物残渣。外室规格：长宽高分别为70厘米×40厘米×70厘米。池底池面都要用水泥粉刷平滑，防止竹鼠打洞外逃。特别应注意池角的平滑，以防竹鼠利用池壁夹角的反作用力外逃。

3.选种与繁殖

优良种鼠应是身体健壮、无病痛、被毛光亮、体重1.5～2公斤、母鼠奶头大而均匀、公鼠睾丸明显、其母代产崽较多的成年竹鼠，已产崽的不选。母鼠与公鼠比例保持在2：1较好，可保证年繁殖3～6胎。竹鼠一年四季均可发情交配，每胎产崽3～5只，养得好可产8～10只。仔鼠4月龄后性成熟。早期发情的母鼠外阴部被毛逐渐分开，阴部肿胀，光滑圆润，呈粉红色，用手提尾巴，阴部外翻；中期母鼠阴部有粉红色或潮红色黏液分泌；晚期发情表现与早期相似。多数母鼠发情中期交配受胎率高。母鼠发情时在笼舍四周爬来爬去，并发出“咕咕”叫声，有时母鼠还主动接近公鼠，交配多在夜间。

母鼠交配怀孕后约60天产崽，初生仔鼠体重仅10克左右，全身无毛。母鼠哺乳期间投喂饲料动作要轻，以免惊动母鼠，防止它咬崽和弃崽，更不能用手去摸仔鼠，以免仔鼠沾上人的气味而被母鼠遗弃。仔鼠以30～35天断奶为宜。

4.饲养管理

竹鼠耐粗饲，对植物性饲料消化能力强，主要按下列食物组成投喂：

（1）谷物饲料，包括玉米、稻谷、红薯等占日粮的50%～60%，平均每日约30～50克，为竹鼠的主粮；

（2）草根和竹类饲料，包括竹根、竹枝、竹笋、茅草根等，占日粮的20%；

（3）果蔬饲料，包括萝卜、荸荠、甘蔗等，占日粮的20%。以上饲料早晚各投喂一次即可。

5.常见病防治：

（1）外伤感染。竹鼠由于相互抢食、混群、争窝室等，经常会相互咬伤，或是运输时被铁笼勾伤，伤口多发生在口腔、头、颈、腰和四肢，如治疗不及时，会因脓毒败血症而死亡。轻微创伤可涂以碘酒防感染，伤重者排出脓汁后用消炎水洗净伤口，涂碘酒后撒上消炎粉，单独饲养。

（2）肠胃炎。由于饲料不洁、过量摄食含水分多的果蔬饲料引起。病鼠表现为食欲减退、精神不振、拉稀，腹部、尾部被毛潮湿，该病一般通过观察粪便进行确诊。患病的竹鼠粪便通常是颗粒与颗粒粘在一起（正常粪便应是质地疏松，遇力即散）。此病早期发现易治愈。可用土霉素1片捣碎拌玉米粉或米饭饲喂，每天2次。也可采用肌肉注射氯霉素，每次0.5毫升，每天1次，连续注射2天可痊愈。

（3）幼鼠消化不良。由于吃了难消化的粗料引起。病鼠腹腔积满未消化的食物，腹鼓胀。可用山楂、麦芽各3克，煎水浸泡食物，晾干水后加1片酵母片投喂，连喂3天。

（4）感冒。由于天气突变，竹鼠被风吹雨淋受寒引起。病鼠呼吸加快、畏寒、流清鼻涕、减食或不食。治疗可用复方氨基比林肌肉注射，每次0.5毫升，每天2次。（福建　蓝招衍）

## 怎样养殖眼镜王蛇

眼镜王蛇，顾名思义是蛇中之王，野生资源少。养殖眼镜王蛇经济效益甚高，特别是蛇毒（晶体）1克价值人民币300～400元，蛇肉每公斤价高达440～480元。因此，发展人工养殖前景广阔。现将养殖经验分述如下：

**1.外貌特征及生活习性：**眼镜王蛇从外观看与眼镜蛇相似，不同之处是眼镜王蛇头顶有篆体字形“王”字，且长度与眼镜蛇相比还长1/4。眼镜王蛇口中有三颗毒牙，撕咬时毒液从牙管中射出。它喜欢在阴凉处栖息，性情凶猛，生活习性与眼镜蛇相似。

**2.场所设置及日常管理：**养殖场地应选择避风向阳地带，可采用室内笼养和露天建池养殖两种方法。室内笼养一般是1只铁笼养1只，视蛇大小，确定密度。蛇笼一般采用不锈钢丝或合金材料制成，蛇笼体积一般为30厘米×20厘米×60厘米，笼内设置一个固定的水槽，蛇笼的上方做2个盖，里层为活动盖，外层为固定盖，这样较安全。露天建池养殖，每个池的面积为30～50平方米，建3个池，分小蛇池、中蛇池、大蛇池。池四周围墙高度为4米，墙壁要光滑，墙顶做成“T”字形。池内做蛇窝，并建一个长2米、宽1米、深0.3米的小水池。饲养员进入露天养殖场地应穿戴全身的防护服。在日常管理中应注意观察蛇的吃食和排泄情况，据此来增减饵料和对症下药，要保证池中随时有水。

**3.饵料的来源和喂食：**养蛇的同时，一般还要养些牛蛙、青蛙、黄鳝，用作蛇的饵料；也可按养鸡的方法，给蛇喂配合饲料；还可以喂猪、牛、鸡、鸭屠宰场的下脚料，下脚料应切成小块煮熟，定时、定量、定位喂食。市场销售旺季时，在前一天先投下一些活的小鸡、小鸭、老鼠等，每天投喂1～2次，吃完为止。

**4.疾病防治及捕捉方法：**眼镜王蛇易得肠炎病和寄生虫病。当患肠炎病拉稀时，可在饵料中加几片土霉素和氯霉素片剂。患寄生虫病的蛇体型较瘦，可在饵料中加些左旋咪唑进行驱虫。若体表有寄生虫，可用10%～15%的高锰酸钾溶液进行喷射，每天应将笼或池中的粪便冲洗干净。捕捉时可事先投喂安眠药，或用0.7～1米长的铁钳或用低压电棍击一下即可。只重在0.5公斤以上即可上市。

**5.养殖过程中的三个问题：**①眼镜王蛇一般只重0.2公斤的小蛇从入春到冬眠前只重可达到0.5～0.65公斤，繁殖配对一公配五母（公蛇长度较母蛇短）。②王蛇一般吃活体动物，应逐渐过渡到吃动物下脚料和配合饲料为主食。③养殖过程中，设施要严密，防止伤人，还要注意饵料适时地更换，适当添加刺激素等。

**6.蛇毒的取法及制作：**取蛇毒由两人进行，一人用手抓住王蛇的头部，一人用竹筷或3.3厘米长的玻璃棒塞入蛇的嘴里，下面用一小碗接着，蛇撕咬时，毒液便从牙管中射出来，用此法逐只取毒，然后将毒液放到离心机内转3～5分钟，再进行干燥，即为蛇毒晶体。（福建　陈锦忠）

## 药用动物蜈蚣的养殖技术

蜈蚣又称天龙、百足虫，是一种紧缺的传统中药，其药用范围较广，价格较昂贵。农村发展蜈蚣养殖是一项很有发展前途的副业，规模养殖蜈蚣也是致富之道。

**1.蜈蚣的生活习性。**①喜栖息在阴暗潮湿的石块间、墙角或草堆边；②雌蜈蚣有怀抱卵群孵化和护仔特性；③立冬前后冬眠，翌年惊蛰后出洞觅食；④饥饿时相互残杀。

**2. 蜈蚣繁殖。**雌蜈蚣4龄后才产卵。5~7月为产卵盛期，每次产卵40~50粒，25天后幼蜈蚣从卵膜中孵出，由母体保护，20天后仔蜈蚣离母体自由觅食，此时应将仔母蜈蚣分开饲养。

**3. 选种苗**。蜈蚣种苗不一定要购买，在清明、立夏间捕捉野生蜈蚣即可作种苗。蜈蚣极少生病，饲养期间无须药物预防。

**4.建蜈蚣池**。池的规格大小随养殖规模而定。以直径0.4厘米的铁丝为骨架，用水泥浇制成1米见方的池，池顶装活动玻璃小片，池两端开通风口，通风口安窗纱布，池壁衔接处要密封，池底铺20厘米厚的泥块，泥块上面用砖头、碎石进行有规则的堆叠，并留有缝隙，以便于蜈蚣活动。

**5.蜈蚣的饲养管理**。①饲料：蜈蚣喜食蛤蟆、地鳖虫、菜青虫、蚯蚓、蛇、蛾、蛆虫及其他动物肉，辅以嫩草、水果皮、胡萝卜等。②供水：夏季在蜈蚣活动区内设置4~5个小水盆供水，保持土面潮湿，冬眠时防止池内长期干燥，在孵化期地面应保持干燥。③环境温度：蜈蚣适宜生长的环境温度为25~32℃，低于10℃即进入冬眠。冬眠期要在池内放些稻草、鸡毛等保暖物，定期打扫池内的食物残食，保持池内清洁。④严防中毒：在池周围100米之内禁放或使用农药、生石灰等，以防毒气吹入池内引起蜈蚣中毒。⑤适时分开仔母蜈蚣：母蜈蚣常会吃掉初生的仔蜈蚣，因此当幼蜈蚣能自己觅食后，应及时将母蜈蚣转入另池饲养。蜈蚣还有大吃小、强吃弱的现象，在饲养中应将大小分开，强弱分养，养殖密度不能太大。⑥精心喂养仔蜈蚣：小蜈蚣身体长到8厘米时，食量大增，应在晚上8~9点到凌晨3点期间，投喂足量的体软多汁小虫类食物。

**6.蜈蚣的加工**。将3年龄体长约11~12厘米的少棘蜈蚣从池中捉出来，用两端削尖的竹片插入其头尾部，绷直晒干，或将蜈蚣置于盆内用沸水烫死，然后晒干或用文火烘干，即可出售入药。若要储存，需用硫黄熏蒸以防腐烂。（广西　周大胜）

# 幼蝎的饲养与管理

2~4龄的蝎称为幼蝎。幼蝎出生后爬到母蝎背上，约在5天内蜕去胎皮成为2龄蝎，2龄蝎从母背下来以后，即开始独立生活。幼蝎的生长期较长，如果饲养管理不当，常会导致大量死亡。

**1.及时分离母、仔蝎。**仔蝎离开母蝎独立生活后，立即进入盛食期，食欲旺盛，昼夜活动进食。这时，幼蝎已具备良好的攻击能力，它们凶悍，相互攻击，以致残杀。母蝎经过妊娠、产崽及背崽后，体力消耗大，而且母蝎在产崽和背崽期，多数母蝎不吃食，所以当仔蝎爬下母蝎背时，母蝎也急待觅食，如果此时不及时分离，母蝎就会残食仔蝎，造成仔蝎成活率下降。母、仔蝎分离方法：有挑拣分离、玻璃板分离。自动分离滑梯分离法。自动分离筛分离法。分离时可根据养殖方式及养殖规模采用不同的方法进行。

**2.投喂足量的饲料。**由于2龄蝎口器小、捕食能力差、活动范围小，往往处于饥饿状态，因此，要及时足量投喂适口、营养丰富、鲜活的小饲料虫，如小黄粉虫、小地鳖虫、舍蝇。为了保证幼蝎能吃到食物，在母、仔蝎分离后可将2龄蝎放入暂养盆中分3期强化饲养。第1期，将幼蝎放入铺湿度为15%的养土盆中，供应充足的饲料虫饲养20天左右，保证每只幼蝎能捕食饲料虫5~6条。第2期，在养土盆中放入适当的垛体材料，强化饲养7天左右，使其捕食更充分，摄取较多的营养物质。第3期，转入饲养池中饲养，池中空间大，密度小，可为幼蝎生长、蜕皮提供便利条件。3龄蝎是蝎一生中生长发育最快的时期，也是吃食最多的时期，供给的饲料应该采用黄粉虫和无菌蝇搭配喂养，忌投喂脂肪含量过高的饲料，以防发生生理性病变。蝎进入4龄以后，对饲料的适应性和营养性要求较高，饲料要以肉食性软体昆虫为主。需要注意的是：每次蝎子蜕皮时不要投料，因为蜕皮前后3~5天蝎不进食。投入的虫体大小、数量多少，要随蝎龄增大而逐渐增大，这样，既可使蝎吃饱吃好，还能避免浪费饲料，污染环境，造成病害。

**3.保证适宜的温湿度。**幼蝎龄小体弱，对外界环境适应性差，对温湿度敏感，因此，应注意蝎窝的温、湿度调节，温度过低会影响幼蝎的捕食和蜕皮。幼蝎生长、蜕皮的最适温度是28~35℃，土壤含水量在10%~15%，空气相对湿度为70%~85%。在过于干燥的环境中，幼蝎生长发育缓慢，蜕皮困难；在过于潮湿的环境中，幼蝎易患水肿病、斑霉病、拖尾病，甚至造成死亡。

**4.防止幼蝎外逃。**幼蝎虽然体小，但攀附能力强，容易逃跑。同时，幼蝎体小质嫩，逃出后难以捕捉。所以，防逃玻璃条或塑料胶带一定要严密、平整、光滑，要堵塞一切缝隙，严密加盖，防止幼蝎外逃。

**5.控制饲养密度。**密度的大小直接关系到幼蝎的成活率。合理的饲养密度为每平方米放养2龄蝎4000只，3龄蝎3000只，4龄蝎2000只。幼蝎每增大1~2龄，单位面积饲养的只数要减少50%。

**6.设计合理的垛体。**用小瓦片竖放码成椭圆形垛体，以4~5层为宜，中间部分用煤灰填充（煤灰应过筛、消毒）。这样的垛体缝隙多，缝隙空间小，幼蝎能各得其所，可避免众多幼蝎进入同一缝隙内相互干扰。

**7.及时分群饲养。**在幼蝎生长过程中，同期产出的仔蝎，除在母背上第二次蜕皮比较整齐外，以后即使在同样的饲养条件下，由于摄食昆虫的数量和质量以及蜕皮时的条件不同，生长速度表现出明显的差异。这时，应按大小强弱分开饲养，避免大吃小、大欺小，导致死亡率增高。所以，幼蝎饲养到一定阶段，必须将大小蝎分群饲养。（山东　曹博）

# 浅水渠养殖淡水小龙虾技术

利用退耕还林的闲田，设计浅水渠养殖淡水小龙虾，每亩产量可达200公斤，成活率85%，规格40只/公斤，每亩获纯利2000余元。此法简单，易操作管理，既不影响树木的生长，又能充分利用土地资源。现将该技术总结如下：

## 一、开挖浅水渠

在树林行距间开挖一条长若干米（根据地形）、底宽1~1.5米、深0.5~0.7米的水渠，渠底铺设一层十四丝加厚塑料薄膜，薄膜主要是用来保水，以防浸坏树木。薄膜上再还土20~25厘米厚，余土可加高加固水渠的围堤，要夯实，以防漏水，可形成一条长若干、宽2~3米、深1~1.2米的浅水渠。浅水渠挖成后，每亩施发酵的猪粪或大粪200~300公斤加水至渠埂处浸泡，使底泥软化，做到泥烂、水肥。每亩用50~75公斤生石灰调节水质，一周后即可使用。

浅水渠内要创造适宜小龙虾生长的生态环境，首先要每隔2米做一个约1.5平方米的浅滩（露出水面），浅滩上可用直径为2~4厘米的小圆棒人为地做一些大小不同的洞穴，供虾隐藏，此法可减轻龙虾对渠埂的破坏。渠内及浅滩上要移植苦草、轮叶黑藻、水鳖草等沉水植物，同时还要移植少部分水葫芦、浮萍等。水草要占渠面积的50%，水草和浅滩可供龙虾栖息、掘洞、爬行。渠内也可稀植莲藕。

## 二、养殖技术

1.苗种采购：水渠清整可使用后，即可采购苗种。苗种来源广泛，人工繁殖的或从天然水域捕获的龙虾苗种均可采购。苗种离水时间要尽可能短。要把握好虾苗的质量，选择体质健壮、个体较均匀、精神旺盛的虾苗。如发现虾苗活动迟缓、脱水较严重或受伤的较多，则不可用作苗种，否则成活率低，增加投资成本，尤其要对在市场上收购的虾苗格外小心检查。

2.苗种投放：一般投放2~3厘米长的幼虾，投放量为每平方米水面30~40只。苗种购回后，要用2%~4%的盐水洗浴5~10分钟，然后放入浅水区，任其自由爬行。放虾苗时动作要轻快，切不可直接倒入深水区。苗种的投放时间一般在晴天的早晨或傍晚。

3.日常管理：

（1）投饵。根据水温，按虾体重的2%~5%的量投喂饵料。小龙虾的食性杂，麸皮、豆粕类、新鲜的鱼虾、人工全价饲料均可投喂。在养殖的全过程中，要尽量搭配新鲜的动物性饵料，以防营养失调导致虾体消瘦。可一日投喂两次，上午8时~9时，投喂日投饵量的30%，下午6时~7时投喂70%。沿渠边的浅水区，呈带状投喂或每隔0.5米点状投喂。

（2）调节水质、水位、水温。投放龙虾苗后，要适时适量追施发酵的有机粪肥，供水草生长和培养饵料生物，每20天左右每亩用10公斤生石灰化浆泼洒1次，全池均匀泼洒。水位不稳定时虾掘洞较深，破坏渠埂；水温超过30℃时小龙虾即可能长成僵化虾，出现早熟，个体较小，影响上市规格。所以，养殖季节要经常补充新水，保持一定的水位、水温。控制水位、水温主要是通过加水、排水来解决。

（3）防逃。可用宽1米、长若干的5~6目聚乙烯网片，沿渠外靠树木把水渠围起来，或用十丝加厚塑料薄膜围栏。通过观察，3月至6月中旬的生长季节小龙虾一般不掘洞、不上岸外逃，6月下旬至9月的繁殖季节要特别注意防逃。

（4）巡塘。每天巡塘2~3次，注意观察小龙虾的活动、摄食及生长情况，要注意水质的变化和清除田鼠等敌害生物；要保持环境安静，否则会影响虾吃食及生长。检查防逃设施有无破损。

（5）虾病防治。定期用强氯精等杀菌药物杀菌消毒，定期预防纤毛虫病。饲喂的饵料要新鲜，在配合饲料中可添加光合细菌及免疫剂，以增加虾体免疫力。小龙虾属甲壳动物，对有些农药特别敏感，如有机磷、敌杀死、除虫菊酯等类药物，一旦流入养殖水体，虾死亡率极高，加水时一定要查明水源情况，以防万一。

4.捕捞方法：淡水小龙虾生长速度快，3~4月份放养的幼虾，5月底即可捕捞上市。一般采取捕大留小的方法，达不到上市规格的留池继续饲养，可以提高养殖的经济效益。捕捞可用虾笼、地笼网等工具捕捉。一般40~50分钟就要把小龙虾倒出来，以防密度过大缺氧死亡。不可采用药物捕捉，否则会影响商品质量。（安徽　李华清）

## 翘嘴红鲌高效养殖模式

翘嘴红鲌俗称白鱼，分类上隶属鲤科、鲌亚科、红鲌属，是长江流域各大江河湖库的大型名贵经济鱼类。该鱼肉质细嫩，味美价高，具有生长快、产量高、抗病力强等优良性状，适宜于高密度人工饲养。现介绍两种高产高效养殖模式如下：

**一、池塘主养模式**

1.池塘条件。翘嘴红鲌主养塘以面积0.33～0.67公顷（5～10亩）、水深1.5～2米为宜，略呈方形，长宽比为3：2。要求水源充足，水质清新无污染，排灌方便，保水性好，池底淤泥厚10～15厘米，按0.33公顷水面配备一台3千瓦增氧机。冬季排干池水后冻晒半个月以上，每亩用生石灰100公斤清塘消毒，杀灭病菌、虫卵和敌害虫物。

2.鱼种放养。翘嘴红鲌性躁善跳跃，鳞片疏松易脱落，为避免体表受伤感染霉菌，应在冬季水温8℃以下放养鱼种。若投放隔年大规格鱼种，每667平方米放全长18～20厘米、尾均重30～40克的鱼种600尾左右；若投放当年培育的冬片，则每667平方米放全长13～15厘米、尾均重15克的鱼种1000尾左右，当年分别可达750～1000克和400～500克的商品规格。每667平方米搭配放养尾均重250克的白鲢50尾以改善水质，适量投放草鱼以控制水草繁衍。

3.饲料投喂。翘嘴红鲌为肉食性凶猛鱼类，但经驯化后对人工配合饲料转化利用率高，尤其喜欢到水面集中抢食膨化颗粒饲料，粗蛋白含量为35%～42%。日常投喂采用投饵机，坚持“四定”原则，日投饵量随水温变化和鱼的摄食生长情况合理调整。2月底至3月初水温升至10℃以上开始少量投喂；水温15～20℃，鱼体达100克以前，每天投喂2次粒径为1.0毫米的膨化颗粒料，日投饵量为存塘鱼总体重的3%～4%；6～10月生长旺季，水温20～32℃，鱼体达100克以上，每天投喂4次，日投饵量为存塘鱼总体重的6%～8%；11月份以后随水温降低，日投饵量降至

2%～3%。投喂量的多少还可凭经验判定，一般以投喂结束30分钟内，80%的池鱼吃饱离开食场为度。

4.水质管理。该鱼喜清新水质，要求水体溶氧量不低于4毫克/升，最好维持在5毫克/升以上。日常管理方面要增加溶氧供应，另外要减少有机物和有害物耗氧。主要措施：①合理使用增氧机，尤其是夏季高温季节中午开机2小时，改善水体分层情况；②勤加新水并定期更换池水，高温季节每隔20天施光合细菌等水质改良剂，减少水体氨态氮和亚硝酸盐富集；③主养塘往往出现蓝藻大量繁殖而恶化水质，除适度混养白鲢外，还应在下风口勤打捞蓝藻，并全池泼洒0.5毫克/升硫酸铜杀灭，施药后1～2天应再施水质改量剂调水。

5.病害防治。三年来各地饲养结果表明，该鱼抗病力强，高密度主养池塘均未发生鱼病暴发流行，成活率达95%以上。

预防措施：①放养前用生石灰彻底清塘消毒，有效杀灭病菌和虫卵；②鱼病流行季节每隔20天全池泼洒双效硫酸铜水剂，用量为每亩水面、水深1米用70～80毫升，第2～3天每667平方米水面水深1米再全池泼洒三氯乙氰尿酸200克，以达到杀虫灭菌效果。

6.效益分析。池塘主养翘嘴红鲌每亩产量可达500公斤，产值12000元左右。饵料系数一般为1.8～2，养成1公斤商品翘嘴红鲌的综合成本约为16元，每亩获利可达4000～5000元，是主养草鱼塘的1.5～2倍，且病害少，易饲养。

**二、网箱单养模式**

1.网箱规格及设置。采用聚乙烯无栉结加盖网箱，规格一般为2米×2米×1.5米或4米×3米×1.5米，网目1～1.2厘米。网箱设置在水面开阔、水流平缓、水位落差小、水质清新不浑浊、避风向阳的湖汊、库湾或河道。每60～100只箱集结为一个“网箱排”，采用框架浮动式，箱间距0.5～1米，用石垄或铁锚固定。新箱要提前3～5天下水，让箱体附着藻类，以免擦伤鱼体。

2.放养密度。冬季水温8℃以下，选择晴天投放鱼种。冬片规格为全长13～15厘米，尾均重15克，放养密度为每立方米100～120尾，搭配少量彭泽鲫和花鲢以清洁网箱残饵。

3.饲料投喂。喂粗蛋白42%的膨化颗粒料，随水温变化和鱼体生长情况合理调整投喂量。水温15～20℃，鱼体100克以前投喂粒径1.0毫米的膨化料，每天2～3次，日投饲率为3%～4%；水温20～32℃的生长旺季，每天4次投喂粒径2.0～2.5毫米的膨化料，日投饲率为6%～8%。

4.病害防治。网箱养该鱼未见严重的鱼病暴发流行，关键是把好鱼种质量关，避免受伤。常见鱼病主要是进箱初期的水霉病和第二年冬末春初的小瓜虫病。采用80～100毫克/升甲醛溶液浸浴10分钟有较好疗效。

5.效益分析。网箱高密度养殖的翘嘴红鲌当年可达400～600克的商品规格，每立方米单产40～50公斤，产值1000～1200元，一般采取顺价销售的原则，大部分产品在上半年鱼价高时出售，每公斤25～30元，效益明显高于斑点叉尾鮰的养殖。（江西蓝岚）

## 高档观赏鱼锦鲤的养殖技术

锦鲤是大型高档观赏鱼类，有“水中活宝石”的美誉。江西省分宜县美好观赏鱼养殖专业合作社通过引进锦鲤良种及加强技术管理，培育出了品质优良、性能稳定的锦鲤并获得了较高的经

7.做好鱼病防治工作。坚持“以防为主，防重于治”的
鱼种放养时要进行消毒；要定期在食场边用漂白粉、二氧
等药物泼洒消毒；定期用强氯精、鱼虫克星等药物拌饵投喂
防一些常见细菌病和寄生虫病的发生；勤施生石灰，提高
促进水体物质循环、改良水质，有利于鱼类生长和抑制鱼
发生，一般每亩每次用生石灰20公斤，兑水后全库泼洒，每
左右一次；发现鱼病及时对症下药，进行治疗。

**二、充分利用水库消落区**

1.种草养萍。从每年10月开始，水库水位逐渐降低，这时可
利用水库消落区，每降一些水位就播撒一些种子，种子以
草和红花草籽为主。据统计，每亩可产鲜草1.5吨以上，按
系数30计算，可饲养出草食性鱼50公斤，而1公斤草食性鱼
带0.3公斤以上的肥水鱼，因此经济效益十分可观。具体做
：在水位不高时，割新鲜草投喂，在水库需灌满水时，将消
内的草分批全部割起并晒干，到草鱼旺食而青饲料供不应求
作为青饲料喂鱼。

利用库角、塘边、阴沟等小面积养细绿萍，据统计，每亩每
产萍80公斤以上，可连续采收20天以上，从而解决了部分草
鱼类的早期饲料和夏花草鱼的饲料。

2.培育鱼种。水库养鱼，鱼种能自给，是降本增益的最有效
法。一般可在水库中套养白鲢、鳙鱼夏花，利用水库消落区
种塘养殖吃食性鱼类，如草鱼、鳊鱼、鲫鱼等，这样可大大
鱼种的成活率。

商品鱼暂养。利用水库消落区挖暂养塘或拦库湾、筑土坝
进行商品鱼暂养。

**三、禽畜鱼综合养殖**

为降低生产成本，解决有机肥的来源，采用禽畜鱼综合养



济效益，2008年1.33公顷（20亩）养殖水面每亩平均效益超过万元。锦鲤养殖已成为当地农民致富的又一优良品种。现将其养殖技术介绍如下：

**1.养殖水体选择。**养殖锦鲤的水体宜选择腐殖质土壤，地形背风向阳、水源充足（最好是富含矿物质元素的泉水）、排灌方便的养殖水体，池塘、小型水库均可，既可主养，也可套养。家养锦鲤可利用庭院空地或屋顶建池。锦鲤对环境适应性较强，但不能抵抗水温急剧的变化，温度骤然下降或升高2～3℃时，容易生病。如温度升降幅度达7～8℃时，锦鲤则匍匐于水底不食不动。若温度突变幅度更大时，锦鲤甚至会立即死亡。锦鲤最适宜生活的水温是20～25℃，在这种水瘟中，锦鲤游动活跃，食欲旺盛，体质健壮，色彩鲜艳。锦鲤适于生活在微碱性、硬度低的水质环境中，以泉水最好，泉水含多种矿物质元素和其他成分，能增加鱼体色素，使锦鲤体色更加鲜艳。

**2.繁殖与苗种培育。**锦鲤的繁殖适龄一般在3～8龄之间，体重达到1.5公斤以上。选择体质健壮、色泽鲜艳、外形匀称，无损伤，无病害的鱼作为亲本。从外观看，雌鱼身体短粗而丰满，腹部膨大，胸鳍端部呈圆形。雄鱼身体较瘦长，胸鳍端部略尖，在胸鳍的第一根鳍条和鳃盖上有若干白色“追星”。每年4、5月份，当水温稳定在16℃以上时，可将雌雄锦鲤按1：2的比例挑出放入水池，池中预先放好消毒过的鱼巢。产卵后捞出亲鱼，鱼巢则留在水池中进行孵化。5～7天后鱼苗孵出。鱼苗孵出3～4天后开始浮到水面觅食，此时应立即将鱼苗捞往苗种池，最好在水池中增放一些水浮莲供鱼苗栖息。用熟蛋黄、豆浆、轮虫等为饵料。1周后，投喂水蚤、切碎的蚯蚓等，并适当补充人工配合饲料，每天上、下午各喂一次。当鱼体长到2厘米以上时，即可移到成鱼池饲养。

**3. 成鱼的饲养管理**。锦鲤食量较大，放养密度以稀一些较好。一般池塘养殖，每亩以放养1000尾左右为宜，大面积水泥池养殖，每平方米以3～5尾为宜，适当搭配草、鲢、鳙等进行混养。锦鲤是杂食性鱼类，可将剩饭、剩菜、果皮等，加入10%左右的动物内脏、福寿螺、蛆蛹、蚯蚓等动物性饲料混合制成颗粒投喂。也可投喂饲养观赏鱼专用的增艳料、育成料，促其增色，形成完美的体形，其饲料蛋白质含量应达35%左右、脂肪5%～8%。投饵应坚持"四定"投喂，一般每天投喂两次，上、下午各一次。投喂量应视水温、天气变化和鱼的摄食情况而定。约为鱼体重的5%～6%，以在20～10分钟之内吃完为宜。

坚持每天巡查，及时捞出剩饵残渣，夏季每2～3天换一次水，春、秋季每4～5天换一次水，换水量为原池的1/3～1/2。保持水质的清爽。高温阴雨天气要注意增氧，防止发生泛池。冬季可将锦鲤移入室内，室内水温保持在2～10℃，适当投给易消化的饵料，保证安全越冬。（江西　王信勇　周小仁）

## 提高小型水库养殖效益的技术措施

### 一、引用池塘高产养鱼技术

小型水库相对于大中型水库面积较小，水位较浅，开展集约化网箱养鱼条件明显不足，相对于池塘水面面积又太大，根据这一特点，我们引用了一些池塘养鱼的技术到小型水库中运用，效果较为显著。

1.清库消毒要彻底。经过一年的养殖，利用枯水期，即每年的冬季，彻底放干库水，每亩用100公斤生石灰进行清库除野，



不仅能大大减少来年鱼病的发生，还能将库中
净，提高鱼种放养的成活率。

2.及时做好鱼种放养。元旦前后和春节前
季节，因为这时水温较低、鱼鳞紧密，便于捕
种不易受伤感染，养殖的成活率高。在放养鱼
水浸洗15分钟。

3.放养大规格优良鱼种。在水库鱼种放养
养大规格鱼种，因为大规格鱼种生长速度快，
适应生存环境的能力也强，成活率高，一般要
鱼、草鱼规格为9尾/公斤以下，鲫鱼、鳊鱼
放养的鱼种白鲢、鳙鱼、草鱼采用长江子一代
鲫、彭泽鲫和三倍体鲫鱼等。

4.放养密度要合理。鱼种的放养密度根据
及水库自身的饵料生物量、施肥情况来确定
的情况下，总放养量控制在每亩500～600尾
尾，鳙鱼40～60尾，吃食性鱼类300尾左右
鱼、草鱼等，另外结合实际情况适当地搭养
虾等名优水产品。

5.鱼种放养采用一次放足，多次捕捞，
套养大规格白鲢、鳙鱼夏花鱼种，一般每
尾，使下一年度鱼种能部分自给。

6.科学饲养管理。施足有机肥，一般
以充分发酵过的猪粪、鸡粪为好。4月至
肥，改施无机肥，以减少鱼病的发生。无
为好，要求施肥量为每亩3公斤，时间为
放精料，精料要求新鲜且不单一，可投喂
糠饼等，具体投饲量根据鱼产量和天气状

殖。如在库边建牧场，开展鱼猪联养；在水库的一边或一角用围网隔开，进行鱼鸭养殖，鸭粪可起到肥水作用，增加浮游生物量，有利于白鲢、鳙鱼的生长。（江西　徐卫东）

# 青鱼池套养田螺生态养殖技术

青鱼又叫青混、乌青。体呈圆筒形，似草鱼，淡青色。最大个体可达70公斤左右。肉食性，主食螺、蚬等软体动物，也可吃人工配合饵料。

田螺属于软体动物门，是一种淡水腹足类。栖息于土质柔软、腐殖质较多的水中。以水生植物、浮游动物残体、动物内脏、下脚料和细菌、腐屑以及麸皮、米糠等一些植物性饵料为食。

为了充分利用资源，挖掘水体生产潜力，我们采用青鱼池套养田螺生态养殖模式进行养殖试验，取得了良好的效果，达到了降低养殖成本、提高养殖效益的目的。现介绍该技术如下：

**一、场地选择及池塘要求**

试验场地选择在江西省上饶市水产科研所古南试验基地的养殖池，池塘排灌方便，通风向阳，东西走向，水质清新、无污染。每口养殖池面积0.67公顷（10亩），共3口。水深1.5~2米，池塘底质为壤土，保水性能好，塘底淤泥厚度10~15厘米。池塘周围环境安静。每口池安置一台功率为2.5千瓦时的增氧机。

在冬季捕捞结束后对池塘进行清塘，即在放养前半个月每亩用生石灰150公斤，化浆全池泼洒，清塘消毒，以杀死野杂鱼，改善池塘底质。

## 二、苗种放养

1.清塘结束后，在2月底放苗，每亩放一龄青鱼种300尾（6~10尾/公斤），二龄青鱼种100尾（0.5~1公斤/尾），还要投放花白鲢鱼种100尾（6~10尾/公斤），以调解水质。鱼种放养前做好消毒工作，用10毫升/升的聚维酮碘消毒液浸泡鱼种5~8分钟。

2.清明节前后，每亩水面采取带胎一次性投入田螺400公斤。

## 三、日常管理

1.青鱼的投饵管理。青鱼的饲料以人工配合饲料为主，蛋白质含量以在38%~42%之 间为佳。有时还要补充一些新鲜的动物性饵料，如鱼糜等。一般选择“通威”等品牌饲料，可用沉性颗粒饲料或浮性颗粒饲料或沉性、浮性颗粒饲料结合使用（先投沉性饲料占总投饲量的70%~80%，后投浮性颗粒饲料）。根据青鱼的大小选用合适的饲料粒径，采取“定点、定时、定量、定质”投喂。每口池塘搭设两个饵料台，根据水温、青鱼的摄食情况及时调节投饵量，一般投饵量为青鱼总重量的3%~5%，每天投饵二次，上午、下午投喂量比为4∶6，投喂量以吃饱、吃完、不留残饵为宜。

2.田螺的投饵管理。投喂时应将固体饵料泡软、把鱼杂、动物内脏、屠宰下脚料及瓜果、青菜等剁碎，最后经过煮熟成糜状后，再加米糠或豆饼充分搅拌均匀分散投喂（即拌糊撒喂），以适应田螺舔食的需要。每天投喂一次，投喂时间以上午8~9时为宜，投喂量为螺重的1%左右。

3.水质管理。6~9月份是整个鱼类生长的高峰季节，这时池水中的残饵、排泄物大量增加，如不注意及时采取措施，很容易败坏水质，引起发病。因此，当天气过热时，应加深水位。

济效益，2008年1.33公顷（20亩）养殖水面每亩平均效益超过万元。锦鲤养殖已成为当地农民致富的又一优良品种。现将其养殖技术介绍如下：

**1.养殖水体选择。**养殖锦鲤的水体宜选择腐殖质土壤，地形背风向阳、水源充足（最好是富含矿物质元素的泉水）、排灌方便的养殖水体，池塘、小型水库均可，既可主养，也可套养。家养锦鲤可利用庭院空地或屋顶建池。锦鲤对环境适应性较强，但不能抵抗水温急剧的变化，温度骤然下降或升高2～3℃时，容易生病。如温度升降幅度达7～8℃时，锦鲤则匍匐于水底不食不动。若温度突变幅度更大时，锦鲤甚至会立即死亡。锦鲤最适宜生活的水温是20～25℃，在这种水瘟中，锦鲤游动活跃，食欲旺盛，体质健壮，色彩鲜艳。锦鲤适于生活在微碱性、硬度低的水质环境中，以泉水最好，泉水含多种矿物质元素和其他成分，能增加鱼体色素，使锦鲤体色更加鲜艳。

**2.繁殖与苗种培育。**锦鲤的繁殖适龄一般在3～8龄之间，体重达到1.5公斤以上。选择体质健壮、色泽鲜艳、外形匀称，无损伤，无病害的鱼作为亲本。从外观看，雌鱼身体短粗而丰满，腹部膨大，胸鳍端部呈圆形。雄鱼身体较瘦长，胸鳍端部略尖，在胸鳍的第一根鳍条和鳃盖上有若干白色“追星”。每年4、5月份，当水温稳定在16℃以上时，可将雌雄锦鲤按1：2的比例挑出放入水池，池中预先放好消毒过的鱼巢。产卵后捞出亲鱼，鱼巢则留在水池中进行孵化。5～7天后鱼苗孵出。鱼苗孵出3～4天后开始浮到水面觅食，此时应立即将鱼苗捞往苗种池，最好在水池中增放一些水浮莲供鱼苗栖息。用熟蛋黄、豆浆、轮虫等为饵料。1周后，投喂水蚤、切碎的蚯蚓等，并适当补充人工配合饲料，每天上、下午各喂一次。当鱼体长到2厘米以上时，即可移到成鱼池饲养。

**3. 成鱼的饲养管理。** 锦鲤食量较大，放养密度以稀一些较好。一般池塘养殖，每亩以放养1000尾左右为宜，大面积水泥池养殖，每平方米以3～5尾为宜，适当搭配草、鲢、鳙等进行混养。锦鲤是杂食性鱼类，可将剩饭、剩菜、果皮等，加入10%左右的动物内脏、福寿螺、蛆蛹、蚯蚓等动物性饲料混合制成颗粒投喂。也可投喂饲养观赏鱼专用的增艳料、育成料，促其增色，形成完美的体形，其饲料蛋白质含量应达35%左右、脂肪5%～8%。投饵应坚持“四定”投喂，一般每天投喂两次，上、下午各一次。投喂量应视水温、天气变化和鱼的摄食情况而定。约为鱼体重的5%～6%，以在20～10分钟之内吃完为宜。

坚持每天巡查，及时捞出剩饵残渣，夏季每2～3天换一次水，春、秋季每4～5天换一次水，换水量为原池的1/3～1/2。保持水质的清爽。高温阴雨天气要注意增氧，防止发生泛池。冬季可将锦鲤移入室内，室内水温保持在2～10℃，适当投给易消化的饵料，保证安全越冬。（江西　王信勇　周小仁）

## 提高小型水库养殖效益的技术措施

### 一、引用池塘高产养鱼技术

小型水库相对于大中型水库面积较小，水位较浅，开展集约化网箱养鱼条件明显不足，相对于池塘水面面积又太大，根据这一特点，我们引用了一些池塘养鱼的技术到小型水库中运用，效果较为显著。

1.清库消毒要彻底。经过一年的养殖，利用枯水期，即每年的冬季，彻底放干库水，每亩用100公斤生石灰进行清库除野，不仅能大大减少来年鱼病的发生，还能将库中的野杂鱼处理干净，提高鱼种放养的成活率。

2.及时做好鱼种放养。元旦前后和春节前是鱼种放养的最佳季节，因为这时水温较低、鱼鳞紧密，便于捕捞操作和运输，鱼种不易受伤感染，养殖的成活率高。在放养鱼种时用1%的食盐水浸洗15分钟。

3.放养大规格优良鱼种。在水库鱼种放养过程中，一定要放养大规格鱼种，因为大规格鱼种生长速度快，逃避敌害能力强，适应生存环境的能力也强，成活率高，一般要求放养的白鲢、鳙鱼、草鱼规格为9尾/公斤以下，鲫鱼、鳊鱼为15尾/公斤以下。放养的鱼种白鲢、鳙鱼、草鱼采用长江子一代，鲫鱼采用异育银鲫、彭泽鲫和三倍体鲫鱼等。

4.放养密度要合理。鱼种的放养密度根据养殖户的养殖水平及水库自身的饵料生物量、施肥情况来确定，一般在不放增氧机的情况下，总放养量控制在每亩500～600尾，其中白鲢200～250尾，鳙鱼40～60尾，吃食性鱼类300尾左右，主要是鲫鱼、鳊鱼、草鱼等，另外结合实际情况适当地搭养鳜鱼、鲈鱼、甲鱼、虾等名优水产品。

5.鱼种放养采用一次放足，多次捕捞，适时上市。并在库中套养大规格白鲢、鳙鱼夏花鱼种，一般每亩套养夏花300～400尾，使下一年度鱼种能部分自给。

6.科学饲养管理。施足有机肥，一般每亩施300公斤左右，以充分发酵过的猪粪、鸡粪为好。4月至10月，尽量不施有机肥，改施无机肥，以减少鱼病的发生。无机肥以碳铵和过磷酸钙为好，要求施肥量为每亩3公斤，时间为每隔15天一次。合理投放精料，精料要求新鲜且不单一，可投喂菜籽饼、麦麸、豆饼、糠饼等，具体投饲量根据鱼产量和天气状况自定。

7.做好鱼病防治工作。坚持“以防为主，防重于治”的原则。鱼种放养时要进行消毒；要定期在食场边用漂白粉、二溴海因等药物泼洒消毒；定期用强氯精、鱼虫克星等药物拌饵投喂，以防一些常见细菌病和寄生虫病的发生；勤施生石灰，提高pH值，促进水体物质循环、改良水质，有利于鱼类生长和抑制鱼病的发生，一般每亩每次用生石灰20公斤，兑水后全库泼洒，每20天左右一次；发现鱼病及时对症下药，进行治疗。

**二、充分利用水库消落区**

1.种草养萍。从每年10月开始，水库水位逐渐降低，这时可充分利用水库消落区，每降一些水位就播撒一些种子，种子以黑麦草和红花草籽为主。据统计，每亩可产鲜草1.5吨以上，按饲料系数30计算，可饲养出草食性鱼50公斤，而1公斤草食性鱼又可带0.3公斤以上的肥水鱼，因此经济效益十分可观。具体做法是：在水位不高时，割新鲜草投喂，在水库需灌满水时，将消落区内的草分批全部割起并晒干，到草鱼旺食而青饲料供不应求时，作为青饲料喂鱼。

利用库角、塘边、阴沟等小面积养细绿萍，据统计，每亩每天可产萍80公斤以上，可连续采收20天以上，从而解决了部分草食性鱼类的早期饲料和夏花草鱼的饲料。

2.培育鱼种。水库养鱼，鱼种能自给，是降本增益的最有效的办法。一般可在水库中套养白鲢、鳙鱼夏花，利用水库消落区挖鱼种塘养殖吃食性鱼类，如草鱼、鳊鱼、鲫鱼等，这样可大大提高鱼种的成活率。

3.商品鱼暂养。利用水库消落区挖暂养塘或拦库湾、筑土坝蓄水进行商品鱼暂养。

**三、禽畜鱼综合养殖**

为降低生产成本，解决有机肥的来源，采用禽畜鱼综合养殖。如在库边建牧场，开展鱼猪联养；在水库的一边或一角用围网隔开，进行鱼鸭养殖，鸭粪可起到肥水作用，增加浮游生物量，有利于白鲢、鳙鱼的生长。（江西　徐卫东）

## 青鱼池套养田螺生态养殖技术

青鱼又叫青混、乌青。体呈圆筒形，似草鱼，淡青色。最大个体可达70公斤左右。肉食性，主食螺、蚬等软体动物，也可吃人工配合饵料。

田螺属于软体动物门，是一种淡水腹足类。栖息于土质柔软、腐殖质较多的水中。以水生植物、浮游动物残体、动物内脏、下脚料和细菌、腐屑以及麸皮、米糠等一些植物性饵料为食。

为了充分利用资源，挖掘水体生产潜力，我们采用青鱼池套养田螺生态养殖模式进行养殖试验，取得了良好的效果，达到了降低养殖成本、提高养殖效益的目的。现介绍该技术如下：

**一、场地选择及池塘要求**

试验场地选择在江西省上饶市水产科研所古南试验基地的养殖池，池塘排灌方便，通风向阳，东西走向，水质清新、无污染。每口养殖池面积0.67公顷（10亩），共3口。水深1.5~2米，池塘底质为壤土，保水性能好，塘底淤泥厚度10~15厘米。池塘周围环境安静。每口池安置一台功率为2.5千瓦时的增氧机。

在冬季捕捞结束后对池塘进行清塘，即在放养前半个月每亩用生石灰150公斤，化浆全池泼洒，清塘消毒，以杀死野杂鱼，改善池塘底质。

## 二、苗种放养

1.清塘结束后，在2月底放苗，每亩放一龄青鱼种300尾（6~10尾/公斤），二龄青鱼种100尾（0.5~1公斤/尾），还要投放花白鲢鱼种100尾（6~10尾/公斤），以调解水质。鱼种放养前做好消毒工作，用10毫升/升的聚维酮碘消毒液浸泡鱼种5~8分钟。

2.清明节前后，每亩水面采取带胎一次性投入田螺400公斤。

## 三、日常管理

1.青鱼的投饵管理。青鱼的饲料以人工配合饲料为主，蛋白质含量以在38%~42%之 间为佳。有时还要补充一些新鲜的动物性饵料，如鱼糜等。一般选择“通威”等品牌饲料，可用沉性颗粒饲料或浮性颗粒饲料或沉性、浮性颗粒饲料结合使用（先投沉性饲料占总投饲量的70%~80%，后投浮性颗粒饲料）。根据青鱼的大小选用合适的饲料粒径，采取“定点、定时、定量、定质”投喂。每口池塘搭设两个饵料台，根据水温、青鱼的摄食情况及时调节投饵量，一般投饵量为青鱼总重量的3%~5%，每天投饵二次，上午、下午投喂量比为4∶6，投喂量以吃饱、吃完、不留残饵为宜。

2.田螺的投饵管理。投喂时应将固体饵料泡软、把鱼杂、动物内脏、屠宰下脚料及瓜果、青菜等剁碎，最后经过煮熟成糜状后，再加米糠或豆饼充分搅拌均匀分散投喂（即拌糊撒喂），以适应田螺舔食的需要。每天投喂一次，投喂时间以上午8~9时为宜，投喂量为螺重的1%左右。

3.水质管理。6~9月份是整个鱼类生长的高峰季节，这时池水中的残饵、排泄物大量增加，如不注意及时采取措施，很容易败坏水质，引起发病。因此，当天气过热时，应加深水位。

水质恶化时，可以排出一些污水，加注新水。当遇闷热天气、阴天时，还要开动增氧机2~3小时，以保证水中的溶氧含量。每个月定期泼洒生石灰水，每亩用20公斤生石灰化水在全池泼洒，可有效调节水中pH值，以利鱼类生长。另外在高温季节换水后一天，每亩泼洒2~3公斤生物制剂，在池水中形成光合细菌、酵母菌、芽孢杆菌等有益微生物优势种群。使池水pH值保持在7.0~8.0之间，培育水色为茶褐色或淡绿色，透明度30~40厘米。

**四、病害防治**

病害防治应做到无病先防，有病早治，防重于治，科学用药。青鱼在养殖过程中病害较少，但是要做好病害防治工作，4月和11月份每立方米水体各用一次0.5克鱼用晶体敌百虫，全池泼洒，5~9月份每半个月定期用0.4克强氯精对全池泼洒。

**五、适时捕捞上市**

根据市场行情，可采用干塘捕捉，或拖网捕捞方式将商品鱼上市销售。本所养殖场是在元旦前后采用干塘捕捉的方式进行的。

**六、经济效益分析**

由于采用这种生态养殖模式，有效地控制了水质恶化，青鱼的成活率达到90%以上。三口池共收获青鱼18956公斤，其中规格1.5~2.5公斤的约11350公斤，规格2.5公斤以上的约为7606公斤。捕获鲢鱼2350公斤。总共获得人民币111786元。扣除饵料费52000元，池租、工资及水电等杂费16000元，纯收入为43786元。回报率为64%。

**七、小结**

1.田螺的养殖管理工作，最重要的是要注意管好水质、水温，视天气变化调节、控制好水位，保证水中有足够的溶氧量，这是因为田螺对水中溶氧很敏感。本次养殖在高温天气8~9月份，有部分田螺死亡，可能是水中溶氧量不够造成的。

2.幼螺生长特别快，饵料要求新鲜多汁，含营养成分丰富。如果适当投喂一些干酵母粉，将对幼螺的生长有很大的促进作用。

3.这种生态养殖模式，一方面可以利用田螺摄食青鱼残饵，减少饵料损失，提高饵料的利用率，同时降低池塘生物耗氧量，控制水体肥度，净化水质，以创造一个良好的水体生态环境；另一方面田螺大量繁殖、生长又为青鱼提供优质的鲜活饵料，大大降低了养殖成本。

4.保持良好的池塘水质。配合饲料养鱼，单位水体的放养密度较大，鱼产量高，鱼类耗氧量大，排泄物也多，池水较肥，浮游生物丰富，但水中氨氮、亚硝酸盐也偏高，因此应保持池塘良好的水质，方法有：①每10~15天加注新水，稀释池水，随时除草去污，保持池塘环境卫生，适时开动增氧机。②每10~15天，全池泼洒生石灰、底质净等水质改良剂。③使用光合细菌、EM菌等微生物制剂。（江西　杨振军）

## 赤眼鳟人工养殖技术

赤眼鳟属鲤科，俗称红眼鳟、赤眼鲮、参鱼，是江河中主要优质经济鱼类之一。其肉质细嫩，味道鲜美，营养丰富；其肉入药鲜用，具有暖中和胃的功效，主治反胃吐食、脾胃虚寒、作泻等症。该鱼生长快、适应性强、食性杂、养殖成本低、商品鱼售价高，体形酷似一龄草鱼，是当前淡水养殖的热门品种。

## 一、池塘条件

养殖池塘要求水源充足，水质良好，附近无污染源，保水性能良好，进、排水方便，池底平坦、少淤泥，面积以1334~3335平方米（2~5亩）左右为宜，水深1.2~2.0米。池水要求“肥、活、嫩、爽”，池水透明度保持在25~40厘米左右。

## 二、池塘消毒进水

池塘进水前应清除过多的淤泥，冬季干池曝晒后，每亩用生石灰化浆100~150公斤消毒，消毒10~15天后每亩可施放经发酵腐熟的粪肥200~300公斤打基肥，然后用60目筛绢过滤进水。

## 三、鱼种放养

选健康活泼的优质苗种。鱼种放入养殖池塘前可用3%~5%的食盐水浸泡5~10分钟。主养成鱼的池塘，一般每亩放养冬片鱼800~1200尾，混养塘每亩放100~200尾。

## 四、饲养管理

1.饲料投喂。赤眼鳟属杂食性鱼类，藻类、有机碎屑、水旱草均可摄食，喜食人工配合饲料。主养池塘，以采用全价配合颗粒饲料为好，赤眼鳟的饲料粗蛋白的含量大致为30%左右，还可捞取细绿藻及柔嫩、新鲜、适口的水草、黑麦草、蔬菜叶等作为辅助饲料。日投饲量为鱼体重的3%~8%。一般上、下午各投一次。投喂饲料要坚持“四定”的投饲原则，还要根据天气、水温、水质和鱼的吃食情况，确定合理的投喂量。6~7月及9~10月摄食较旺盛，盛夏稍缓。

2.水质调控。在养殖生产过程中，每天中午开增氧机1~2小时，晚上视天气情况适时开增氧机，以防鱼类浮头。池水pH值保持在7~8.5之间。在养殖中、后期（特别在高温季节），要及时更换新水，使池塘水质保持清新，透明度控制在25~40厘米。每隔10~15天，每亩用生石灰10~15公斤化水全池泼洒一次，使池水呈微碱性，以利鱼类的生长和鱼病的防治。有条件的养鱼户可根据池塘水质、水温等情况，每隔12~15天施用EM液、光合细菌等微生物制剂，可有效改善水质状况。

3.日常管理。在养殖过程中，日常必须坚持勤观察、勤巡塘，观察水质变化，鱼类的活动、摄食和有无病害等情况，发现问题及时处理。经常清除鱼池周围的垃圾，食台（场）上的残饵，水面上的漂浮物等。做好各项工作记录。

**五、鱼病防治**

赤眼鳟生活适应性强，各种疾病感染率和染病后死亡率较低。鱼病防治要坚持“无病先防、有病早治、全面预防、积极治疗”的原则，除鱼种下塘时做好鱼体消毒外，还应对鲜草（饵料）、食场、工具等进行药物消毒，在夏秋鱼病流行季节定期用渔药进行鱼病预防。（山东　郑天龙）

## 泥鳅养殖技术

泥鳅肉味鲜美，肉质细嫩，具有很高的营养价值。随着野生资源的日趋枯竭和名特优水产品养殖业的发展，以及人们生活水平的提高，泥鳅以食性杂、饲料来源广泛、病害较少、易于养殖、成本较低，越来越受到水产养殖户们的青睐，泥鳅养殖业有着广阔的发展前景。

**一、生物学特性**

泥鳅为底层鱼类，常在江河、湖泊、池塘、沟渠浅水处的底层穿梭索饵或静止于水底，喜中性或稍酸性泥土，生长、成熟的最适宜水温为25~27℃。泥鳅是杂食性鱼类，主要摄食动物性饵料（如桡足类等浮游动物、甲壳动物、昆虫幼体、摇蚊幼虫、水蚯蚓），也食高等水生植物、藻类、有机碎屑和小杂鱼，喜食商品饲料。

## 二、苗种繁育技术

为了同时获取足够数量的泥鳅苗，我们采用注射激素的方法，进行人工催产。首先选择个体较大、体格健壮的泥鳅作为亲鱼，雌鱼要求腹部饱满而柔软，卵巢轮廓明显，体重在40克左右，雄鱼要求体长达10厘米以上。采用绒毛膜促性腺激素（HCG），雌鱼每克体重用10~15国际单位，雄鱼剂量减半，采用背部肌肉注射法或腹腔注射法（2~3毫米）催卵，再进行人工授精。泥鳅苗孵出2~3天后就能够自由活动，可移入培育池，放养密度为每平方米150尾，同时饲喂轮虫等微小浮游动物。防止缺氧泛塘，需根据水质适当施肥、投饵和加注新水。随着鱼苗的生长，逐渐加喂粉末状配合饲料，以保证鱼苗的营养需要。

## 三、养殖技术

1.养殖池建造与幼苗放养：泥鳅养殖池不宜太大，建造面积为100平方米的养殖池1个，水深保持在50~60厘米。另需在养殖池的注排水口、侧壁做好防逃设施，以防泥鳅外逃。鱼种放养前，对养殖池进行彻底的消毒并施肥，培养浮游饵料生物供鱼种下池后食用，放养4~5厘米的幼苗，密度为每平方米60尾。

2.投饲管理：泥鳅多在晚间摄食，生长旺盛期白天也摄食，故应以晚上投饲为主。且在每个养殖池设饵料台两个，驯化泥鳅集中摄食。投饵次数以当时情况为准，水温在15~20℃时每天1次，在25~30℃时每天早晚各1次，超过30℃时每天1次。投饵量一般以投喂的饵料1小时内能吃完为最适量。泥鳅具有贪食的天性，所以在养殖过程中务必警惕过量投饵，秋天水温在15℃以下时应停止投饵。

3.日常管理：首先，确定专管人员。俗话说："三分养，七分管。"养殖池要有专人负责放养、投饵、施肥和防病管理工作。其次，改善水体环境。在饲养管理过程中，必须认真观察水质，及时采取培肥、加水换水和增氧等措施。再次，加强日常管理，每天早晨要巡塘，并观察鱼类有无浮头等情况，如发现死鱼要及时寻找原因，并采取相应的治疗措施。

4.病害防治：

①细菌病的防治。泥鳅养殖过程中常见的疾病有赤鳍病、水霉病、气泡病、曲骨病、车轮虫病、舌杯虫病等，此外还有农药中毒及其他生物敌害。尤其以水霉病和赤鳍病为主，其症状是鱼鳍或体表部分表皮脱落，呈灰白色，肌肉腐烂，肛门部位发红，继而出现血斑，并逐渐变成深红色，严重时出现鳍条脱落，不摄食，直至死亡，主要流行于夏季。防治方法：应避免鱼体受伤，苗种放养前应用4%食盐水浸洗消毒，或用1%磺胺剂水溶液给泥鳅浸洗15分钟，养殖过程中，每隔20天用鱼用泼洒剂泼洒1次（浓度为1毫克/升），可有效预防疾病的发生。

②寄生虫病的防治。车轮虫病寄生于鱼类的鳃或体表，患病鱼摄食量减少，离群独游，严重时寄生虫密布鱼体，如不及时治疗会引起死亡，流行于5~8月份。防治方法：用生石灰清塘，发病时，用晶体敌百虫以每立方米0.7克的用量全池泼洒。

**四、捕捞方法**

经过8~10个月的饲养，泥鳅个体长至13~18厘米时即可捕获上市，通常每亩产可达1000公斤以上。捕捞方法：一般采用冲水捕捞和干池捕捉。

1.冲水捕捞：即在靠近进水口的地方铺上密眼渔网，从进水口放水（因为泥鳅有逆水逃逸的习惯，会聚集到进水口处），然后适时将先铺设的网具提起捕获泥鳅。

2.干池捕捉：当秋季水温降低到15℃以下时，泥鳅便逐渐钻入池塘底泥中，可排干池水捕捉。一般先将塘水抽干后在池底挖若干小沟，泥鳅会集中到排水沟内，从而进行人工捕捉，或将含鳅淤泥挖入铁筛中用水冲去泥土而捕获。（江西　万艳　涂雪峰）

## 黄颡鱼及其养殖技术

黄颡鱼，俗名黄嘎牯，是我国分布较广的一种小型经济鱼类。它体型小，肉质细嫩，营养价值高。黄颡鱼养殖技术简易，病害少，养殖效益高。

### 一、生物学特性

黄颡鱼为底栖鱼类，喜栖息于缓流水或水草丛生水体的底部。它具有生长快，对生态环境的适应能力强，在弱光条件下摄食和生活，耐低氧，抗病能力强等特点。适宜生长水温为23~32℃，最适宜生长在pH值为7.0 ~ 7.6、溶解氧大于4毫克/升的水体中。黄颡鱼属偏杂食性的肉食性鱼类，在自然界中主要摄食小鱼、小虾、螺蛳、摇蚊幼虫及其他昆虫等，也摄食水生植物种子和叶子。在人工饲养条件下，可摄食人工配合饲料。

### 二、苗种来源

苗种主要是收集天然捕捞的性成熟个体或池塘养殖的商品鱼。用作繁殖的亲鱼要选择种质纯正、体色鲜艳、体形丰满、体格健壮、无病无伤，鱼龄在二冬龄以上，雌性个体在11.7厘米长或重100克以上，雄性个体在14.8厘米长或重150克以上，雌雄比例为1∶1.5。每年12月，将选好的亲鱼暂养在专池中进行强化培育。

5月中旬当水温稳定在22℃以上时，亲鱼采用人工催产后，池内定期冲水刺激，让其自行发情、交配，并产卵于鱼巢上。产卵结束后及时取出有受精卵的棕片卵巢，并洗去泥浆污物，经消毒后转入苗种池培育。鱼卵孵化至出膜前，每天用亚甲基蓝10毫克/升溶液浸洗消毒卵巢一次，防止水霉滋生。黄颡鱼苗种培育，每亩放养鱼苗5万~10万尾，采取肥水下塘，以后每天全池泼洒豆浆，鱼苗在繁育池中经过20~30天的培育，体长达到2~3厘米的夏花时转入鱼种培育。鱼种培育，每亩放养夏花鱼苗1.5万~3万尾，搭配鲢、鳙鱼夏花，投喂以纯动物性饲料或配合饲料为宜，人工配合饲料中蛋白质的含量要求在40%以上，否则会影响黄颡鱼的正常生长。放养的鱼种要求规格整齐，色泽鲜艳，体表光滑，无病无伤，鳍无残缺，体质健壮，经5%食盐水浸洗10分钟后方可放养。

**三、池塘主养**

1.池塘选择：养殖黄颡鱼的池塘面积0.2~1公顷，池底淤泥不宜过厚，以泥沙质底为佳。要求排灌方便，水源充足，进出水口设置30目的筛绢进行过滤，以防野杂鱼及敌害进入池中。鱼种下池前，每亩用生石灰75~90公斤进行全池消毒，暴晒10天后注入水深80厘米，并在放养前7天每亩施放发酵有机肥150~200公斤。池塘必须配备增氧机和抽水机各一台。

2.鱼种放养：一般每亩放养10~20克的冬片鱼种2500~5000尾，另搭配15~20厘米的鲢、鳙鱼种各100尾，规格50克左右的团头鲂鱼种20~30尾，用以调控水质。或当年培育的夏花2厘米，每亩放养6000尾，并每亩放养10~20尾/公斤的鲢鱼200尾、鳙鱼70尾。每亩可生产商品鱼500公斤以上。

3.日常管理：

①饲料投喂。首先用竹席和木杆设置1个4平方米的饲料台，距离池底20厘米，让鱼集中摄食，防止浮性食料流失。投喂人工

配合饲料，粗蛋白质含量要求在35%~45%，动植物蛋白的含量比例为3：5.1，脂肪含量在5%~8%。投饵要定时、定质、定位、定量，日投饵为鱼体重的3%~6%，每天投饵二次，上午8时、下午5时各投喂一次，下午投喂量应占全天量的2/3。还要根据“四看”确定每天的投饵量，即看水温、看天气、看水质及看鱼的摄食情况而灵活掌握。

②调节水质。在整个生产过程中，应始终保持水质清新，溶氧充足，池塘应经常注水、换水。5月、6月每月加注新水30厘米，7~9月每15天加注新水10~15厘米，保持水深在1.5米以上。要合理使用增氧机改善水质，使池水透明度保持在35~40厘米，常年保持水质“肥、活、嫩、爽”。

③鱼病防治。黄颡鱼在饲养过程中一般不易得病，在整个养殖过程中要坚持“预防为主”的原则。每月放一次生石灰，水深1米的黄颡鱼池每亩用10公斤全池泼洒。每隔5~7天对饵料台进行清洗和消毒一次。同时每月使用土霉素以及大黄、板蓝根等中药以0.1%~0.4%的添加量投喂3~5天。治疗鱼病时，应尽量使用高效、低毒药物。

**四、池塘套养**

在黄颡鱼专用饲料不具备，又没有充足的小杂鱼、虾等饵料生物供给的情况下，可套养在鲢、鳙、草鱼等为主的池塘中，不宜与鲤、鲫鱼混养，更不能与乌鳢、鳜鱼等凶猛肉食性鱼类套养。在主养品种以及搭配比例仍按原养殖方式不变的情况下，每亩套养黄颡鱼冬片鱼种100~200尾或当年繁育的3厘米苗种300~500尾，经过5~6个月的养殖，每亩可增加黄颡鱼产量10~20公斤，每亩可增加利润200~400元，经济效益明显。

**五、网箱养殖**

1.养殖条件：首先是精心制作网箱。网箱由聚乙烯制作而成，网箱规格为5米×5米×2.5米或4米×4米×2米，网目2~3厘米，网底网目1.5厘米，网顶四周缝上宽50厘米的罩网作防逃网。其次是水域的选择。网箱设置在湖泊或水库内，选择水面宽阔、水质清新、无污染、微流水、环境安静、避风向阳和常年水深在4米以上、透明度在50厘米以上、溶解氧在5毫克/升以上的水域。

2.鱼种放养：一是在鱼种放养前7~10天将网箱下水，使网箱附着藻类，以减少鱼体擦伤；二是网箱应适当遮阴，在网箱的水表面移植水花生等水草，覆盖率为20%；三是选择规格均匀、体质健壮、无病无伤、活动能力强的鱼种，经3%~5%食盐水浸洗5~10分钟后放入网箱饲养；四是春节前后开始投放鱼种，一般每平方米放养规格10~20克的黄颡鱼种150~250尾，同时套养一些团头鲂、细鳞斜鲴鱼，以充分利用饵料生物，净化网箱水质。每平方米可生产商品鱼20公斤以上，获利300元以上。

3.饲料投喂：一是鱼种下箱后开始投喂少量小鱼、小虾和蚯蚓；二是做好驯化投喂工作，在苗种入箱4天后开始采用人工驯化投喂，改投配合饲料；三是合理投喂，每天投喂2次，投饵量为鱼体总重的3%~5%。

4.日常管理：一是要勤检查网箱有无破损，网箱体是箱形，发现问题及时修补，以免逃鱼或凶猛鱼类入箱；二是随着水位的涨落，须及时升降网箱，使网箱调节到水深适宜的位置；三是经常刷洗网箱上的污物及附着藻类，保持箱内水体交换通畅；四是根据市场行情和鱼体生长情况，适时轮捕轮放；五是做好工作日志。鱼病防治同上。（江西　杨文元）

# 翘嘴红鲌及其高效养殖技术

翘嘴红鲌，俗称大白鱼，为大型经济鱼类，数量较多。其肉洁白鲜嫩，营养价值较高，每100克肉含蛋白质18.6克、脂肪4.6克。翘嘴红鲌多细刺，故有淡水鲥鱼之称，鲜食和腌制均宜。

野生翘嘴红鲌是以活鱼为主食的凶猛肉食性鱼类，苗期以浮游生物及水生昆虫为主食，50克以上主要吞食小鱼小虾，也吞食少量幼嫩植物。人工繁殖的鱼苗，全过程均可投喂人工饲料，如豆浆、黄粉、鳗料、蚕蛹粉、花生麸、黄豆饼或鱼糜、鱼浆、鱼粒等。3~4厘米以上可投喂全人工配合饲料，最好是浮性料及水生植物，如青萍、红萍、嫩草、嫩菜等。当然，经重新驯化，也可重新吃活鱼。投喂优质人工饲料与投喂活鱼相比，其生长速度无多大差别。

翘嘴红鲌生长迅速，粗生粗养，体型较大，最大个体达15公斤以上，常见野生个体为1~10公斤。人工养殖的鱼苗，一周年达0.6~1公斤，两周年可达2~3公斤。发展翘嘴红鲌养殖，效益显著。

**1.池塘条件**

养殖池塘应选择采光良好，通风，四周无遮蔽物，进、排水方便，土质以黑色壤土为好，pH值7~8，面积以3亩以上为宜，塘底平坦、无污泥，塘埂坚固、不漏水，塘深不低于2.5米。

**2.鱼种选择**

养殖翘嘴红鲌应投放大规格的优质仔口鱼种，规格为10~13厘米/尾（60~70尾/500克）或9~10厘米/尾（80~90尾/500克），每亩可投放1000尾。因翘嘴红鲌喜食浮性饲料，每亩可套养花鳊100~200尾（50 ~ 100尾/500克）、鲫鱼150~300尾（10尾/500克）。搭配套养鱼种可起到清理食场、吞食沉淀食物、调节和改善水质等作用。

鱼苗最好是隔冬投放，最迟不能超过3月底，年前放苗温度较低，可提高鱼种成活率。翘嘴红鲌的最大弱点是鳞片比较松软，操作时稍有不慎容易造成鳞片松动脱落而伤亡。

3.投饵技术

科学合理投饵是夺取养殖翘嘴红鲌丰收的主要环节。鱼种入塘后，对新水体有一个适应过程，即有半个月的适应期，过后可投入少量开口料，随后即可进行正常的投饲。饲料应选择对口的浮性饲料，每50公斤吃食鱼每天投饵量为1500~2500克，投喂时间应根据吃食鱼的吃食余缺情况、气候、水质等因素灵活掌握。一般投饲方法：3~5月为每日4次，早上6时至下午6时，每次间隔3小时；6~7月为每日3次，早上6时至下午6时，间隔时间灵活掌握；8~9月为每日2次，早上8时至下午5时，早晚各一次；10~11月为每日2次，早上8时至下午4时，进行等时距投喂；12月后基本停食。

4.池水管理

池水管理应根据吃食鱼的生长阶段和气温而定，放苗时宜水深1米，高温天气宜水深1.5米。因深水区与水表温差较大，翘嘴红鲌不适应水表的强光高温，懒于上浮摄食，故要尽量缩小水体上下温差，为吃食鱼提供近距离摄食条件；秋季水深2米，上下温差接近，有利于吃食鱼上浮自如摄食。

正常情况下，鱼塘不需经常换水，一旦发现剩饵过多或水质老化，可注入新水，排放老水，俗称打跑马水。进、出水口应装有坚固的拦鱼栅，换水量通常为1/2，池水透明度控制在35厘米；如池水肥度不够，可增施水产专用肥料(生物肥料，以有机肥做原料)，用量可参照使用说明或池水肥瘦而定。

5.病害防治

新养殖翘嘴红鲌的池塘一般不会发生鱼病，但对正常的防病消毒、除害灭菌不可忽视。

（1）鱼种入塘前，塘水用硫酸铜消毒2次，每亩水面每米水深用药250克。主要作用为促进鳞片结实，增强自我保护能力，兼顾杀虫灭菌。

（2）鱼种入塘后，由于运输途中可能造成鳞片松动或脱落，容易使鱼体发生水霉病。对此可用高锰酸钾进行防治，每亩每米水深用药750~1000克，气温低于15℃时则应酌情减量。

（3）加强巡塘检查，及时采用对口药物彻底清除敌害生物。绿藻可用硫酸铜杀灭，用量为每亩每米水深350~400克，稀释后全池泼洒，一次即可。青苔可选用硫酸铜或青苔净，可单用或合用，经过稀释，全池泼洒。单用：硫酸铜每亩每米水深500克，青苔净每亩每米水深500克。合用：每亩每米水深用硫酸铜150~250克+青苔净500克，稀释拌匀后泼洒，效果更佳。

6.注意事项

（1）防止缺氧，需配备增氧机，根据气象预报和鱼类活动、吃食情况启闭增氧机，确保池水溶氧5毫克/升以上；清除塘边杂物和水中残饵。

（2）翘嘴红鲌对药物十分敏感，用药须慎之又慎，切勿过量、错用。用药后食欲减退1~2天属正常现象，不必惊慌。

（3）养殖水面不宜小于1亩，面积过小，不利于浮性饲料的漂浮，不利于设置食台。食台大小以150~180平方厘米为宜。

（江西　官林保）

# 网箱健康养殖黄鳝实用技术

利用网箱养殖黄鳝具有占用水面少、投资省、规模不限、劳动强度小、易操作管理、起捕灵活方便等优点，是一种高产高效、潜力大的高密度集约化养殖模式，发展前景看好。既可以在水库、湖泊，也可以在河沟和池塘设置网箱养殖黄鳝。一般每平方米网箱可产黄鳝2.5公斤左右，利润在40元以上，是农民增收致富的有效途径之一。现将网箱养殖黄鳝技术综述如下，供养鳝爱好者参考。

**一、养殖场地选择**

养殖场地应选择无污染，水源充足，养殖水体水位稳定，进排水便利，避风向阳，周边无噪音的场地；养殖水面面积在1亩以上，20公顷以下，水深1.2～2米。门前屋后塘和村心塘均可设置网箱养殖黄鳝。

养殖用水可来自天然湖泊和江河或水库，养殖水体应无重金属和其他有毒有害物质污染，水质清新。水源水质符合GB11607渔业用水水质标准和NY5051无公害食品淡水养殖用水水质的规定。水体透明度25~35厘米，pH值7~8.5，每升水溶解氧大于或等于3毫克。

**二、网箱制作及设置**

网箱材料选用优质聚乙烯无结节网片制成，网目规格选择应视鳝种大小而定，一般采用16目和30目两种规格。网箱大小以长3～4米、宽2～3米、高1.2米敞口式为宜。网箱采用无框架插杆架设，即在网箱四个角打桩，形成支撑架，把网箱上、下四个角固定在木桩或竹桩上，达到拉紧箱体的目的。箱体有30%以上的高度露在水面上。网箱间距0.5米，行距应方便渔用木船行驶，便于投饲管理。

网箱分布面以不超过总水面的2/3为宜。新做的网箱在放养前15天，用每升水含20毫克的高锰酸钾溶液浸泡15~20分钟后，放入水中浸泡，待其有害物质散发消失后，在鳝种放养前5～7天架设。经过放置一段时间，可使网衣上着生丝状藻类组成生物膜，生物膜能避免鳝种入箱后擦伤体表。另外，在网箱中移植经过清洗和用3%～5%食盐水（或其他消毒剂）消毒过的水葫芦或水花生，为黄鳝的生长栖息提供一个良好的生活环境。水草占网箱面积的60%～70%，最多不要超过80%。放置在网箱中的水草不能高出网箱口面，防止黄鳝顺着水草外逃。

**三、鳝种放养**

1.鳝种来源与选择。鳝种来源：一是每年的4～10月在稻田和浅水沟渠中用鳝笼捕捉，二是从市场上采购。无论是自捕还是购买，都以笼捕为好，钩捕或电捕的鳝种因体上有伤，成活率极低，即使不死，生长也极其缓慢。黄鳝依其体色一般可分为三种：一种是体色深黄大斑点或土红大斑点，第二种为体表青黄色，第三种为体灰色且斑点细密。养殖实践表明，前一种黄鳝生长较快，增肉倍数为1∶（5～6），是网箱养殖的最佳品种。后两种生长速度缓慢，增肉倍数为1∶（1～3），故不宜人工养殖。放养的鳝种应反应灵敏，无伤处、无病灶，活动能力强，黏液分泌正常，最好以原产地方种群、采用笼捕的野生深黄大斑鳝和土红大斑鳝为宜。

2.放养时间。放养时间在每年的端午节后（6～7月），放种时先了解天气情况，选择近期晴天天气放种鳝入箱。因为端午节前和阴雨天放养的鳝种易死亡，成活率低。

3.放养规格和密度。网箱养鳝，鳝种尽量选大些的，做到当年放养当年能够上市。一般规格每公斤20~60尾，即每尾15~50克。放养量为每平方米1~2公斤。黄鳝因有相互蚕食的习性，故同一只网箱内放养的鳝种规格应尽量保持一致，并一次放足。放种时，网箱内的水温与运输容器中水的温度差不多，水温相差一般不要超过±3℃。若用手感觉水温不一样，为避免温差过大，就要用舀水工具把网箱里的水慢慢舀入盛苗容器里，直到温度差不多了，再把鳝种放入网箱。

**四、驯食和投饲**

网箱养殖黄鳝的关键是驯食，具体方法是：鳝种放养的当天傍晚或第二天上午向箱内泼洒一些引食剂，如泼洒姜汁。第二天或第三天傍晚开始驯食，驯食的饲料应选择黄鳝最喜食的蚯蚓、小杂鱼、螺蚌肉等，用绞肉机绞碎混合，捏成团块状定点投喂在水草上，每只网箱固定在3~4个位置，投完后观察一下黄鳝摄食情况。第二天早上观察黄鳝吃完了没有，如果吃完了晚上就加大一点量，如果没有吃完就把剩下的饲料捞出来，并在晚上稍减一些量。每天早上都要检查，做到心中有数，直到正常摄食。在此阶段，可在饲料中拌喂诱食先锋、利胃散等保健药物，提高鳝种的整齐度。在鳝种养成良好的摄食习性后，开始慢慢在鲜饲料（小杂鱼、螺蚌肉等）中加入黄鳝专用配合饲料，搅拌均匀后投喂，采取先少后多、逐步适应的方法。黄鳝专用配合饲料加入的量按10%、20%、30%、40%的比例逐渐增加，直到比例控制在黄鳝专用配合饲料占40%~50%、鲜饲料占50%~60%为止。投喂次数，开始时每天投喂1次，以后增加到每天投喂2次，傍晚5~6时和早晨6~7时，以傍晚投喂为主。每天的投喂总量，初期按鳝体重的2%~4%计算，以后逐渐增加，黄鳝生长旺盛期的7~9月份，日投饲量增加到鳝体重的5%~10%；9月下旬后如果气温下降，就把黄鳝专用配合饲料的比例逐渐减下来，直到停食。具体日投饲量应视季节、天气、水温、水质、黄鳝的摄食情况和活动情况灵活掌握，适时调整，原则上一般以投喂后2小时左右吃完为宜。

黄鳝在野生环境下摄食习性为昼伏夜出，偏肉食性，喜食天然饵料；又因其视力弱，摄食活动主要靠嗅觉、触觉和听觉。所以，在人工养殖情况下，必须经过驯食，驯食需30~40天。驯食是一个非常关键的环节，是养鳝成败的关键，因此，要有足够的耐心，逐步完成黄鳝摄食的转换，使之形成条件反射。

**五、日常管理**

1.水质调控。水质控制是黄鳝养殖的重要环节，应根据水位、水质情况及时加水换水，一般每15天或20天换水一次，每次换水量应占总水量的1/3。换水时要换底层水，保持水质清新，水体透明度控制在25~35厘米；如水位偏低，应及时加水，保持水位稳定；对于一些水质较差、池底老化而又无水可换的地方，要经常使用微生物制剂净化水质。为改善水质、提高水体利用率，箱外应适时套养鲫、鲢、鳙、草鱼，套养鲫鱼同时还可清除黄鳝的敌害。

2.水草的管理。放养初期，水草生长缓慢，可适当施一些肥料促其生长。养殖过程中，当网箱中水草生长过密时，要及时捞出多余部分和经常除去老化部分，促进新水草生长，增强水草的净水功能，为黄鳝的生长、栖息提供良好的生态环境。

3.防逃管理。因网箱质量或老鼠等敌害生物破坏，可能引起破箱，因此应坚持定期检查网箱有无破损、脱节滑线，发现问题应立即进行修复。平时除定期灭鼠外，还可根据黄鳝摄食情况，判断网箱是否破损。遇到连绵阴雨天和大雨、暴雨天，要注意水位变化，防止水位上涨或箱内水草生长过旺长至箱外等情况而引发逃逸现象。

4.勤观察。每天要及时消除残饵；平时要勤观察，必要时清洗网衣，定期检查箱底，发现死鳝要及时捞出；发现黄鳝活动异常，要及时分析原因和采取措施。夏季高温时，鳝鱼摄食旺盛、排泄量大，水质极易腐败，此阶段应以水质调控及防暑降温为主。

5.建档。每口池建立档案，认真记录养殖过程中投饲、水温、发病、预防、天气、施药等情况，实行档案化管理，以便总结分析。

**六、病害防治**

黄鳝在人工饲养条件下易发病，有些病甚至是毁灭性的。尤其是网箱养殖这种集约化养殖方式，一旦发病，则传染快，死亡率高，用药治疗难以控制。因此要想做到黄鳝少发病或不发病，应当贯彻“预防为主，防重于治，防治结合”的方针，尽可能消除诱发黄鳝发病的因素。主要从消除病原体、增强鱼体抵抗力、改善饲养环境三方面着手。

1.水体消毒。在黄鳝放养前15天，每亩水面用100~150公斤生石灰彻底清塘消毒；或在放养前2~3天，每立方米水体用20~30克漂白粉(含氯30%)加水溶解后全池泼洒；或平均10厘米水深，每667平方米用5~10公斤漂白粉(含氯30%)加水溶解全池泼洒，做到现用现配。

2.鳝种消毒。鳝种入箱前，用3%~5%食盐水加青霉素溶液浸浴5~15分钟；或用聚维酮碘（含有效碘1%），浓度为每升水20~30毫克，浸浴10~20分钟；或用四烷基季铵盐络合碘（季铵盐含量50%），浓度每升水0.1~0.2毫克，浸浴30~60分钟。

3.药物预防。一是待黄鳝摄食正常后，用左旋咪唑或甲苯咪唑驱虫，剂量为每100公斤鳝种用药0.3~0.4克拌饲投喂，间隔3天后用同等剂量重复一次；以后每月用鳝肠净或90%的晶体敌百虫拌饲内服驱除体内寄生虫一次，用量为每100公斤黄鳝用药5~10克。二是每半个月用漂白粉或二氧化氯挂袋1次，每只网箱挂2袋，每袋放药150克。三是定期在网箱内水体中浸沤苦楝树皮或树枝等中草药。四是定期在饲料中添加0.5~1克土霉素药渣，或大蒜素、食盐、肠炎灵等药物预防细菌性疾病。

4.提高黄鳝自身抗病力。定期在饲料中添加多维素、维生素C、多糖、四黄粉、护肝胆药，微生物制剂等保健药；黄鳝摄食量大的时候更应在饲料中添加一定量的微生物制剂，从而增强黄鳝体质，提高免疫力和抗病能力。但在添加微生物制剂时，应与消毒剂和抗生素间隔3天后进行。

5.生物预防。当黄鳝摄食正常后，应在箱内放养一定量的田螺、小杂鱼、泥鳅等，用来清除箱内残饵以调节水质。但应注意，这些生物在放养量上要保持合理的比例，一般每平方米放养泥鳅不宜超过0.3公斤，充分发挥泥鳅摄食黄鳝粪便等作用；一般每平方米放养田螺不超过0.25公斤；箱内放养蟾蜍，其分泌物对预防黄鳝的梅花斑病有特效，一般每只网箱放1～2只即可。

6.加强饲养管理。坚持投饲“四定”（定质、定量、定时、定点）。科学投喂，保证饲料质量，不投霉烂变质的饲料，不要过量投喂。市场购得的新鲜小杂鱼及其他鲜饲料，投喂前应洗净，在沸水中放置3～5分钟，或用每升水20毫克的高锰酸钾溶液浸泡15分钟，或用5%食盐溶液浸泡5～10分钟，再用淡水漂洗后投喂，以杀灭外带的病原菌。

黄鳝长期吃惯一种饲料后，很难改变习惯去吃另一种饲料，所以，养殖过程中，应将饲料固定几个品种，如蚯蚓、小鱼、螺蚌肉、黄鳝专用配合饲料或动物内脏，以提高其生长速度。有条件时可投放活饲料，活饲料利用率高，不用清除残饵，对网箱污染少，有利于黄鳝的生长。

7.加强水质调控。养殖期间，每月每亩用生石灰25公斤化浆泼洒1~2次；高温季节用微生物制剂泼洒2~3次（包括箱内），其他季节泼洒1~2次；定期或不定期加换水，确保良好的水体环境。严禁注入带农药或工业污染的水。（江西　吴慧兰　吴仕根）

# 疾病预防篇

JIBING YUFANG PIAN

# 母猪瘫痪及其防治

**1.产前瘫痪。**是母猪怀孕后期体内维生素和钙磷缺乏或失调，或因年老体弱饲养管理不善，缺乏运动等所致。多发生于分娩前几天或几周内，表现后肢无力，不能久站，行走不稳，起立困难，严重时卧地不起，食欲减退，大便干燥。

**2.产后瘫痪。**与缺乏钙磷有密切关系，或助产时器械使用不当，胎儿过大，强力拉出，使骨盆神经受损伤所致；产后护理不当，圈内阴冷潮湿等，也易得此病。多发生于产后2~3天。发病母猪食欲下降，精神不振，奶量减少，甚至无奶，肌肉震颤，摸有痛感，行走摇晃，严重时半身麻痹，卧地不起。

预防母猪瘫痪要注意产前、产后的防寒保温，保持圈内干燥，加强运动，给足饮水，合理的阳光照射，发现母猪有可能瘫痪时，应立即将母、崽分开饲养。

发现母猪瘫痪，可选用以下配方治疗：（1）用骨粉或蛋壳粉、虾粉15~40克，拌饲料喂服，每天3次，连用半月；（2）用羊骨或其他新鲜兽骨砸碎熬汤喂服；（3）中药独活、防风、桑枝、木瓜、川芎、牛藤各12克，甘草10克与肉骨200克煲水混粥喂服；（4）静脉注射20%葡萄糖酸钙100~150毫升或10%氯化钙20~50毫升，或皮下注射樟脑油5~10毫升，隔天1次，直到康复为止；（5）肌肉注射安乃近10~20毫升，每天1次，连续数天。（辽宁　梁巍）

# 仔猪咬尾症的防治

**1.及时断尾。**仔猪出生后1天内断尾，尾巴断掉1/2~2/3。此法可节省饲料，防止仔猪咬尾。

**2.饲料营养要全面。**如果营养缺乏，不仅会影响猪的生长发育，而且会导致猪互咬。要配制营养全面的保育仔猪料或购买全价的保育仔猪料，尤其要注意饲料中不能缺乏维生素和微量元素。

**3.饲喂要得当。**为了减少浪费，要少喂勤添，槽底还有少量饲料时就应该添加料，避免仔猪出现强烈的饥饿感。供给充足的清洁饮用水，最好采用自动饮水器。

**4.分栏和密度适当。**把来源、体重、体质、性格和饮食等方面相似的猪组群饲养。每一群猪的头数应依猪舍设备、圈养密度和饲养方式等因素而定，一般每群以10~20头为宜。分群后要保持猪群稳定。

**5.及时观察。**刚转入保育栏的猪会因环境和同伴的改变而变得胆小易惊，容易发生应激反应。为了适应新环境，断奶仔猪会互嗅，互相咬耳、咬尾或群起而攻击一头，此时要注意观察，一旦发生这种情况就要进行驱赶，将最强者或最弱者换栏。这一现象在断奶仔猪混群时普遍存在，而且在第1天最为严重，第2天次之，第3天以后逐渐减少。对出现应激症状的猪肌肉注射肾上腺素1毫升，即可缓解。

**6.咬伤的处理。**断尾仔猪咬伤部位多在耳和尾。耳部受伤，伤口虽多但流血很少，涂抹药水或碘酊即可；尾部受伤易流血，血的气味更易引起其他猪只咬食。在伤尾的根部用12号缝合丝线或包装线用力扎紧止血，也可以用药物止血，伤口涂抹紫药水或碘酊，并分开单独饲养。严重者给一定的抗生素，以防伤口化脓感染。尾部受伤但出血不太严重的猪，在伤处涂上紫药水或碘酊并将栏中其他未受伤的猪也涂上紫药水或碘酊，使猪的嗅觉暂时无法分出异己者。（辽宁　刘伟）

## 中药治疗母猪产后漏乳效果好

母猪漏乳，是指母猪产后在仔猪哺乳期间，乳头不经仔猪吃乳而乳汁自行流出的一种病症。中兽医辨证选用中药进行治疗，具有较好的效果。

产后母猪漏乳，在兽医临床上可分两种类型，现将各型的症状及辨证治疗方法，简述如下：

**1.肝经郁热型漏乳。**该型漏乳多因母猪产后神志抑郁或怒气伤肝，肝火亢盛，使猪体疏通排泄能力增强，引起乳汁妄行所致。临床表现为：患猪产后乳房胀满，乳汁浓，精神沉郁，口腔干燥，大便秘结，小便黄少，舌红，苔薄黄，脉象弦数等症状。

治疗：①可用“加减逍遥散”内服。处方：丹皮、栀子、当归、白芍、炒白术、茯苓、泽泻、怀牛膝各25克，益母草、夏枯草各30克，柴胡、甘草各20克。将上述药物水煎后服用，每日1剂，分2次服。此方具有舒肝解郁、泄热之功效。②验方或食疗治疗。A.柴胡、郁金各20克，莲子36克。共煎汤后服用，每日1剂，分2次服用。B.马蹄60克，海蜇30克，白糖适量。将马蹄削皮后洗净，海蜇用水泡后洗净，两者共煎汤，后加白糖，供患猪食用，每日1剂，连用4~5剂为一个疗程。

**2.气虚血弱型漏乳。**该型漏乳多因母猪产后脾胃气虚，对乳汁的约束调摄功能减弱所致。病猪表现为产后乳汁量少质稀，乳房柔软而无胀满感，精神疲乏，动则心悸气短，舌淡，苔薄白，脉象细弱等症状。治疗：可用补中益气汤加减治疗。黄芪40克，熟地、怀山芍、五味子、芡实、牡蛎各30克，当归、白术各20克，陈皮、炙甘草、升麻各16克，大枣20枚。将上药共煎汤后服用，每日1剂，分2次服。此方具益气补血、固摄的功效。也可用下列验方和食疗进行治疗。①取羊奶、黄芪各45克，芡实20克，共煎汤后候温服用，每日1剂，分2次服用。②党参20克，大米200克，共煮粥熟后，即可食用，每日1剂，连用3~5剂，有良好效果。

在用上述方剂治疗的同时，还要用黄芪多糖注射液15~20毫升，一次肌肉注射，每日2次，连用5天。以上方法也适用于其他家畜，只是药量相应增减即可。

此外需要注意的是：母猪在产前、产后应增加营养，多饮水，适当运动，合理安排饲料品种，要适当增加青绿多汁饲料喂量，科学管理，加强饲养，以预防漏乳的发生。（辽宁　孙耀华）

## 针刺治羊拉稀有特效

采用针刺法治疗羊拉稀，不必使用专用工具和消毒，可就地取材，如普通缝衣针甚至竹木的刺等一切尖锐之物均可，具有易操作、疗效显著等诸多优点。具体方法如下：

用针刺治病羊时，首先用双腿将羊夹住，先用双手掰开羊嘴，然后用左手拽出羊的舌头，右手捏针快速浅刺羊舌头底部较粗的血管并使其出血。然后刺双耳尖，见血即可。接着在肛门上侧约1.5厘米处轻刺一针，不必见血。如此一般1次即可治愈，病情严重者可间隔10小时左右再针刺1次，即能完全康复。（安徽　郭朝阳　孙纪德）

## 小尾寒羊病虫防治方法

**1.驱虫。**每年春秋两季，羊最易感染的寄生虫有胃虫、肠结节虫、绦虫、肝蛭等，应根据各种寄生虫的生长规律和发生情况，本着防重于治的原则，及时发现，尽早治疗。蝇毒磷按每公斤体重10毫克肌肉注射，可驱除捻转胃虫；给羊灌服驱虫净，可驱除羊线虫；每只羊喂0.1克硝氯酚，对肝片吸虫成虫杀虫效果显著。

**2.药浴。**药浴的目的是为了防治羊的外寄生虫病，特别是疥癣病等。一般在剪毛后两周进行，第一次药浴后7~10天再药浴一次。药浴应选择在天气晴朗时进行，药浴前半天停饲，浴前2小时饮足水。

**3.防疫和消毒。**羊场建立防疫组织，制定出各种防疫措施。对可能发生的传染病，如炭疽、羊痘、布氏杆菌病等，每年进行预防注射。羊圈每周消毒一次，用2%烧碱喷洒羊舍地面及四壁。羊圈的墙角、食槽底部经常铺放石灰，尤其是产羔或发生疾病的羊圈，做到季节性和临时性消毒相结合。（山东　李胜武）

## 治羔羊痢疾方

1.口服补液盐水，即用氯化钾1.5克、碳酸氢钠2.5克、氯化钠3.5克、葡萄糖20克、白开水1000毫升混合而成的补液盐水，每头每天服40～50毫升，直至痊愈。

2.用止痢膏（以上海产的为佳）每支分两次给羔羊灌服，每天2次，连服2～3天。

3.取土霉素0.3～0.5克，加糖水10毫升，给羔羊一次灌服，每天2次，连服2～3天。

4.按羔羊每公斤体重用痢特灵0.01克溶于水给羊灌服，每天2次，连服3～5天。（广西　卢健平）

## 经产母羊流产原因及治疗

**1.发病原因**。因母羊怀孕期间长期饲喂发霉、变质、冰冻饲料，暴饮暴食，消化不良、腹泻等；或者饲料中缺乏蛋白质、维生素、矿物质等成分。

（1）母羊怀孕期间营养不足，管理不当，亦会造成流产或死胎。

（2）互相碰撞，圈舍拥挤，惊吓等剧烈刺激。

（3）由于治疗不当，误用大量泻药促进平滑肌剧烈收缩。

（4）布氏杆菌病引起的流产。

**2.预防**。加强饲养管理，把孕畜放养在宽敞的圈舍，防止互相拥挤，不喂发霉变质有毒的饲料，如果发现有流产征兆时，应该及时使用保胎药物——黄体酮。

发生流产时要查明原因，注意是否为传染性流产，若疑似，就要隔离，流产场地要消毒。

**3.治疗**。当发现流产征兆时，要以安胎、保胎为原则，用黄体酮肌肉注射25～50毫克，每日2次，隔日再用，连用2～3次。

当胎儿不能产出时，要人工助产，同时皮下注射乙烯雌酚注射液3～5毫克，可肌肉注射脑垂体后叶激素3～5毫升。

如果胎儿已经腐败，要在掏出之前注入适量的润滑剂，胎儿出来以后，将0.1%～0.2%的高锰酸钾溶液注入子宫腔冲洗，隔日将80万～160万国际单位青霉素（溶于50毫升生理盐水中）注入子宫，每日2次，连续2～3天。为了防止继发子宫内膜炎及败血症，可及时使用抗菌素、磺胺制剂进行治疗。（辽宁　金凤翔）

## 羔羊消化不良的预防与治疗

### 一、发病原因

母羊妊娠期饲养管理粗放，特别是在妊娠后期，饲料中营养物质不足，缺乏蛋白质、矿物质和维生素等，直接影响胎儿的生长发育和母乳的质量。

哺乳母羊和羔羊饲养管理不当，羔羊受害，人工哺乳不能定时、定量、定温。

中毒性消化不良。多由单纯性消化不良转化而来。

## 二、临床症状

1.单纯性消化不良。体温正常或稍低，轻微腹泻，粪便变稀。随着时间的延长，粪便变成灰黄色或灰绿色，其中混有气泡和黄白色的凝乳块，气味酸臭。肠间音响亮，腹胀、腹痛。心音亢进，心跳和呼吸加快。腹泻不止，严重时脱水，皮肤弹性降低，被毛无光。眼球塌陷，站立不稳，全身颤动。

2.中毒性消化不良。病羔精神极度沉郁，眼光无神，食欲废绝，衰弱，躺地不起，头颈后仰。体温升高，全身震颤或痉挛。严重时腹泻，粪中混有黏液和血液，气味腐臭，肛门松弛，排粪失禁。眼球塌陷，皮肤无弹性。心音变弱，节律不齐，脉搏细弱，呼吸浅表。发病后期体温下降，四肢及耳冰凉，直至昏迷而死亡。

## 三、预防措施

1.加强饲养管理。改善卫生条件，使用药物维护心脏、血管机能，抑菌消炎，防止酸中毒，抑制胃肠的发酵和腐败，补充水分和电解质，饲喂青干草和胡萝卜。

2.精心饲养妊娠母羊。妊娠期要补充富含蛋白质、矿物质和维生素的精料，力求营养平衡。妊娠中后期及哺乳前期每天补精料，条件许可的可将秸秆氨化或微贮后喂羊。少给勤添，冬春饮温水，夏秋饮井水。饲料新鲜洁净无霉烂，饮水洁净无毒。夏季早出牧晚归牧，中午要休息防中暑；秋冬季远处放牧晚归牧，霜天晚出牧晚归牧，雪天不放牧。怀孕后期就地放牧。

3.细心照料羔羊。羔羊产出后1~2小时要吃足初乳；7~10天可用吊草把、炒香料对羔羊早诱食，并饲喂切碎的青草；15日龄补喂麦麸、玉米等熟粥；30天后用精料加水拌湿生喂；50天后添喂豆饼、骨粉、鱼粉等，供足饮水。8天后羔羊在舍附近放牧；30天起以放牧为主，喂精料为辅。加强运动，多晒太阳。母羊不认羔羊或母羊奶水不够，可找单羔或死羔的母羊代哺或换哺羔羊。找不到代哺母羊的羔羊，可实行人工哺乳。喂前现配并加温到38~39℃，生后4周内每天喂6~8次，每次50毫升。

**四、治疗方法**

将患有消化不良的病羊置于温暖干燥处禁食8~10小时，饮服畜禽口服电解质溶液。对羔羊应用油类或盐类缓泻剂以排除胃肠内容物，可灌服石蜡油30~50毫升。

为了促进消化，可一次灌服人工胃液（胃蛋白酶10克，稀盐酸5毫升，加水1000毫升混匀）10~30毫升，或用胃蛋白酶、胰酶、淀粉酶各0.5克，加水1次灌服，每日1次，连用数日。

为了防止肠道感染，对中毒性消化不良的羔羊，可选用抗生素药物进行治疗。以每公斤体重计算，链霉素20万单位、新霉素25万单位、卡那霉素50毫克，任选其中一种灌服。或用磺胺首次量0.5克、维持量0.2克灌服，每日2次，连用3天。脱水严重者可用5%葡萄糖生理盐水500毫升、5%碳酸氢钠50毫升、10%樟脑磺酸钠3毫升，混合静脉注射。可用中药泻速宁2号冲剂5克灌服，每日早晚各1次，参苓白术散10克，一次灌服。羔羊消化不良性拉稀，也可用温水稀释小苏打浓度约5%，任羔羊饮用，每天早中晚3次供给。（甘肃　张发翠）

# 羊链球菌病的防治

羊链球菌病，是由溶血性链球菌引起的一种严重危害绵羊、山羊的急性、热性传染病，是危害养羊业的一种严重疾病，常给养殖场造成较大的经济损失。因此，广大养殖户平时应加强饲养管理，以预防为主，注意羊群变化，及时发现，及时治疗。

**一、发病特点。**本病主要发生于绵羊，山羊次之。病羊和带菌羊为主要传染源，主要通过消化道和呼吸道传染。多发于每年11月至次年4月，特别是在天气严寒或大风雪以后，发病和死亡数量显著增加，本病在新疫区危害最为严重。

**二、临床症状。**病羊体温升高，以呼吸异常困难、咽喉部及下颌淋巴结肿大为特征，间有咳嗽，流浆液、脓性带血鼻液(呈铁锈色)。结膜充血发绀，粪便松软，带有黏液或血液。眼睑、唇部、面颊及乳房肿胀。病死前常出现磨牙、呻吟及抽搐现象。

**三、病理变化。**主要以败血性病变为主，尸僵不明显，胸腔积液，各脏器广泛出血，尤以大网膜、肠系膜等部位明显。肺水肿、气肿、实质出血，呈大叶性肺炎变化。胆囊肿大，急性病例还可见肝、肾肿大。各脏器表面常覆有丝状黏稠的纤维素样物质。

**四、防治措施**

1.发病后，对病羊和可疑羊分别隔离治疗，场地、器具等用10%石灰乳或3%来苏儿严格消毒，羊粪及污物等堆积发酵，病死羊进行无害化处理。

2.每只病羊用青霉素30万～60万国际单位肌注，每日1次，连用3天或肌注10毫升10%磺胺噻唑，每日1次。也可用磺胺嘧啶或氨苯磺胺4~5克灌服，每天2次，连用3天。

3.高热者每只用30%安乃近3毫升肌肉注射，病情严重食欲废绝的给予强心补液，用5%葡萄糖盐水500毫升，安钠咖5毫升，维生素C5毫升，地塞米松10毫升静脉滴注，每天2次，连用3天。

4.加强饲养管理，做好抓膘、保膘及保暖防风、防冻、防拥挤。定期消灭羊体内外寄生虫。做好羊圈及场地、用具的消毒工作。入冬前应用链球菌氢氧化铝甲醛菌苗进行预防注射，羊只不分大小，一律皮下注射3毫升。3月龄内的羔羊14~2l天后再免疫注射1次。在流行地区给每只健康羊注射抗羊链球菌血清或青霉素等抗生素有一定的效果。（河北　赵向晨）

## 母牛阴道脱及子宫脱的分期诊治

阴道脱及子宫脱是母牛常见的产科疾病。多发生于产过一胎或两胎的牛。及时诊治，可减少死亡。

**1.初期**。阴道部分脱出，主要发生在产前，病初母牛卧下时，即从阴门突出鹅蛋大小至拳头大小的红色带状物，站立后自行缩回。患牛食欲反刍正常，精神有些欠佳，毛乱无光，鼻镜有汗，有时努责，好卧地，脉象微弱，行走无力等。

治疗以补气升阳健脾为主。药用党参、白芍、白术、白芷、熟地、枳壳、云苓、山楂、泽泻、陈皮、柴胡、香附子各50克，黄芪60克，甘草20克，生姜、大枣为引，水煎灌服。

**2.中期**。阴道全部脱出，产前产后均有发生，产前全部脱出的阴道呈带状，其末端凹陷内有子宫颈外口，并有黏稠的子宫塞。母牛常有强烈的努责。产后全部脱出的阴道体积一般较产前脱出的小，壁较厚，末端有时可看到子宫颈的横皱襞。患牛精神不振，食欲反刍减少，牵遛，脱出部分可能自动缩回，口色淡白，脉细沉无力。

治疗补气养血升阳为主，药用黄芪、山药各60克，党参、桔梗、白术、扁豆、云苓、熟地、枳壳、陈皮、莲肉、砂仁、泽泻各50克，甘草20克，生姜、大枣为引，水煎候温灌服。

**3.后期**。阴道子宫全部脱出在阴户之外，呈圆形或椭圆形，不能自行缩回，时间长则色黑肿硬，甚至溃破出血，患畜精神沉郁，食欲反刍停止，体温升高，口色红燥，静脉多滑数。

治疗以整复手术为主，整复时，让患畜站于前低后高的斜坡地上，术者用拳抵住子宫角末端，小心地顺着产道慢慢向前推进。推送时，必须在家畜努责间歇时进行。将子宫送回以后，术者不要急于抽出手，必须将子宫作适当摆动，检查没有扭转、内套或变位，确认已完全整复后，再慢慢抽出手。整复后为防止子宫再脱出，可以在阴门外做一个比阴门略大一些的绳网，绳网四角各系一根长达肩前胸部的长绳，再从胸前和腰部横拴两根绳子，将绳网四端的四根长绳分别从背部、腹下和身体的两侧通过，分别拴系在胸部和腰部的横绳上。整复后半天内，不让病畜卧下和睡倒，严防再脱。整复后宜用补气固脱之药。方药：益母草120克，大枣90克，川断40克，党参、白术、炙升麻、陈皮、柴胡各18克，炙黄芪60克，干姜、宫桂、甘草各15克，水煎候温灌服，连服2~3剂。（广西　刘子权）

## 治疗奶牛乳房炎特效验方三则

**一、病因**

该病主要是由于栏舍不卫生，潮湿、积粪多，奶牛的乳头未保持清洁，或由于挤奶员技术不熟练，致使奶牛的乳房受损伤，感染细菌或病毒，以及其他原因，如子宫炎的继发症等而致病。

**二、症状**

1.急性乳房炎。病牛早期表现为乳汁稀，性状异常稀薄，内含凝块或絮状物，有的混有血液和脓汁，有的乳汁排出不畅，泌乳量减少或停止。中后期乳房出现红、肿、热、痛，乳房淋巴结肿大，触诊表现疼痛，乳汁变黏稠，并混有灰白色絮状物，有的带有血丝或带有黄绿色浮液，有腥臭味。此外，还伴有精神不振，食欲减退，体温升高等全身症状。

2.慢性乳房炎。一般临床症状无明显变化，感观检查乳汁没有异常变化，通常表现为产奶量逐渐下降，需经化验方可确诊。

**三、治疗**

1.外治法：方用：乳房炎消肿搽剂涂布。方剂组成：蜂蜜1500克，川黄连300克，云南白药粉8~12克。制法：先将蜂蜜放锅内，以文火熬炼过滤、去杂后，加入黄连粗粉，拌均匀，再熬开10分钟，取出待凉后，装瓶密封，放置在阴凉、干燥通风处备用。用时取出蜂蜜、黄连合剂适量，再加入云南白药粉4~6克，混合均匀后，将药剂涂搽于患部，每日2次，连用2~4天。

2.内服方：①黄芪双花散。处方：黄芪200克，双花150克，全当归40克，玉金50克，蒲公英、红花、穿山甲各30克，路路通25克，乳香、没药、连翘、荆芥、防风、甘草各20克，共研细末，将上药分每日早、晚两次服用，以开水冲调候温灌服，每日1剂，连用3~4剂即可治愈。（本方急慢性乳房炎均可用。）②黄芪仙人掌汤。处方：黄芪300克，食用鲜仙人掌500克（切片），蒲公英150克，金银花、王不留行各100克，甘草30克，共煎汁去渣，候温1次灌服，每日1剂，连用2~3剂即可。（本方适用于急性乳房炎。）③双花公英汤。处方：金银花、蒲公英各200克，连翘、陈皮、甘草各100克，水煎服，每日1剂，分2次灌服，连用3~5剂。（本方适用于慢性乳房炎。）

3.肌肉注射：①黄芪多糖注射液，按每公斤体重0.2~0.5毫升，每日1次注射，连用2~3天。②六茜素疗法。六茜素，按奶牛每公斤体重0.25毫克，用适量注射用水溶解后，肌肉注射，每日2次，连用1~2天为一疗程，对重症患牛可延长治疗时间。（辽宁孙耀华）

## 牛放线菌病的分型与诊治

放线菌病是牛的一种慢性传染病，其病原主要存在于谷物的芒梢及谷壳上。在自然条件下，通过黏膜及皮肤的擦伤或创伤而侵入，尤其2~5岁的幼牛，因上皮组织嫩薄和处在换牙阶段，当采食粗糙带尖芒的饲料时最易被刺破口腔黏膜，经消化道而感染。放线菌病原有林氏放线菌和牛放线菌两种。因病原不同，其临症表现也不同。

林氏放线菌主要侵袭软组织，多见于舌咽部，舌体肿胀，坚硬粗大，呈木板状，一般称之为“木舌”。患牛流涎，咀嚼、吞咽、呼吸困难，若不及时治疗，可导致死亡。如乳房被侵害，则呈坚韧肿胀或皮下有局限性硬节。

牛放线菌主要侵害骨组织，多见上下颌骨肿大，呈肿瘤型。病程发展缓慢的，界限明显；病症发展快的，牵连整个头骨。肿大部初期疼痛，后期无知觉，时间一长，皮肤破口，流出黄色或白色的脓汁，形成瘘管，经久不愈。如果病牛下颌骨被破坏，则牙齿会松动，采食反刍困难，体质状况恶化，逐渐消瘦而死亡。

治疗：木舌型，可在舌旁两侧或舌下通关穴放血，放血后用明矾水冲洗，然后用冰片3克，雄黄15克，硼砂30克，元明粉60克，共研细末，涂于舌上，每天3次。西药可内服碘化钾，每天2~3次，成牛每次4~8克，犊牛1~3克。重症并有心脏功能紊乱者，可静脉注射10%碘化钠注射液，每次50~100毫升，隔天1次，3~5次可愈。用药时如出现黏膜潮红、皮肤发疹、脱毛、皮屑增多、黏膜卡他、眼结膜发炎等碘中毒症状时，应暂停用药，或改用中药：黄连、黄芩、大黄、连翘、郁金、玄参、栀子、生地各30~45克，甘草25克，芒硝60克（后下），水煎，候温灌服。

肿瘤型，病灶在软组织，体积不大，并与周围健康组织界限明显能够分离时，可手术将瘤切除，若有瘘管形成，连同瘘管彻底清除，切除后的新创腔，用碘酊纱布填塞，隔1~2天更换一次。或在肿胀部周围用链霉素5克，分点注射，每天或隔天1次，连用3次。或乱针刺患部，使其排出淤血及炎性物质，针刺后外涂鱼石脂，效果也很好。中药用黄芪、黄芩、皂刺、连翘、桔梗、花粉、栀子、豆根、地丁、蒲公英各45克，丹皮30克，煎水灌服，每天或隔天一剂。（广西　刘子权）

## 防止怀孕母兔流产的关键措施

在养兔生产中，经常会遇到怀孕母兔看起来已经怀孕，触摸也有感觉，胸围明显增大，但到了临产期却不见母兔产崽的现象。其实，这是母兔早已流产了。母兔流产的主要原因有营养不良、近亲繁殖、惊吓刺激和疾病性流产等。因此，为了防止怀孕母兔流产主要应从以下几点抓起。

**1.选择优良种兔。**品质优良的种母兔不仅怀孕率高，抗外界干扰因素能力强，而且保胎好、怀崽多、母性强。我们一般都有这样的经验，有的母兔胎胎仔兔都好，而有的母兔则稍有点外因就出现流产，这就是母兔品质问题。所以，要降低母兔的流产率，首先要从母兔的品质抓起，对那些品质不好的母兔坚决予以淘汰。

**2.防止近亲交配。**近亲交配和早孕在农村家庭养殖户中比较普遍，特别是散养户问题更为突出。由于养殖户本身饲养的种公兔不多，又缺乏对近亲交配危害性的认识，杂交乱配现象比较严重，导致后代严重退化，怀孕母兔因近亲交配，其基因组合成致死基因出现胚胎早期死亡而发生流产。解决这一问题的方法就是要定期引进种公兔，避免近亲交配。建立种兔卡片、系谱档案和配种记录。

**3.精心护理。**怀孕母兔的生活环境应安静、舒适。要控制好兔舍的温度和湿度，经常通风换气，减少兔舍空气中的氨气和二氧化碳等有害气体的含量。同时要供给充足的饮水。

**4.日粮要全价。**妊娠前期特别要保证营养需要，除满足必要的全价精料外，还要补喂一些新鲜的青饲料，但在喂前一定要洗净、晾晒后再喂。在母兔整个妊娠期，不要喂发霉变质和冰冻饲料，防止流产。

**5.减少应激反应。**母兔怀孕期间尽量减少抓捕惊吓等应激刺激，保持周围环境安静，禁止燃放鞭炮及避免大型机动车发动等。检查时，不要追赶捕捉，手法一定要轻。怀孕母兔禁止长途运输，毛用怀孕母兔禁止剪毛。

**6.定期防疫。**要定期注射兔瘟疫苗，定时进行驱虫，对兔舍要定期进行消毒，对有流产征兆的母兔可肌肉注射黄体酮15毫克保胎。（辽宁　徐治相）

## 巧用蓖麻治兔病

1.治便秘。取蓖麻油两匙加水喂给。

2.治伤食。取蓖麻油10～15毫升内服。

3.治肚胀。取蓖麻油15～18毫升，加等量开水，一次灌服。

4.治疥癣。取橘叶、蓖麻叶、烟叶等量，加水20倍煎煮，取上清液备用。用2%的来苏儿液清洗患部后用清水洗干净，擦干后涂抹上清液，每3～5天涂抹1次，2～3次即可治愈。

5.治疖肿疼。蓖麻子仁3份，苦杏仁5份，松香20份，共捣碎，加菜油50份熬成糊状，候凉后涂于患部，1日2次。

6.治胃肠炎。将晒干的大蒜、蓖麻茎放在干净的器皿中，用火点燃烧成炭，研成细末后拌料内服。幼兔每次用1.5～2克，成年兔每次用3～4克，每天3次，连用2～3天即可治愈。

7.治关节扭伤。蓖麻子2份，生葱头1份，共捣成泥，敷患部。每日早晚各1次（敷药前先用生姜适量煎汁，候温，洗净患部），可治关节挫伤，局部硬疼，活动不灵。（广西　周大胜）

## 中药破气散治家兔肚胀气

家兔肚胀气一年四季都会发生，但以寒冷潮湿的冬春季节最为常见，发病兔多为2~4月龄的幼兔。该病主要是由于家兔受冷受冻、采食过多含水分高的冷冻饲料、霉变饲料以及饲料的突然改变而引起的。

患病兔的主要症状为：腹部突然胀大如鼓，内有大量气体，肠蠕动紧张，精神不安，有时呻吟，蹲伏不动，呼吸困难，口流泡沫。一般病程为2~3天，急性者几小时内死亡。

在治疗兔肚胀气时，笔者曾用大黄苏打片、大蒜酊、十滴水、甲基硅油片等药物进行治疗，但效果均不理想。后来改用中药“消食破气散”治疗，效果很好，治愈率可达98%。具体治疗方法如下：

厚朴、神曲、茯苓各10克，大腹皮、甘草各6克，楂肉12克，黄连2克，用水200毫升煎成60毫升浓药液，供10只患病兔一次内服，每日服2次。病轻兔服2次即愈，病重兔连服2天即可痊愈。该方具有降气止酵、健胃消食的功效。（福建　傅春贵）

# 犬皮炎的诊治

## 一、病因

犬皮炎的原因多种多样，由于皮肤遭受机械性刺激，如颈环摩擦、搔抓引起局部外伤性皮炎；化学因素的刺激，如涂擦刺激性药物，初养狗的人用沐浴露、洗发精等每天抓洗，脓性分泌物的长期刺激等；物理性皮炎是由于热伤、冻伤、日光以及放射线的操作等引起。此外．还有细菌、病毒、寄生虫，营养缺乏和变态反应等引起的皮炎。

## 二、症状

1.外伤性皮炎：轻症时出现脱皮或皮肤缺损、潮红或轻度肿胀，又可见到薄痂皮或细鳞鞘的形成；在机械性刺激物强烈或反复作用下，可发现皮肤显著潮红、肿胀和疼痛，并可见到脓性渗出物和痂皮，以及表在性的溃烂。

2.慢性皮炎：渗出及痂皮均减少，皮肤肥厚，弹性及可移动性较差，并发生皲裂，此时常常造成继发性感染，引起化脓溃烂。

3.疣状皮炎：多继发于湿疹和皮炎，为疣状增殖的一种慢性炎症。疣状物表面有的常附有恶臭的污白色分泌物，有的呈淡红色，刺激时容易出疵。皮肤皱褶间易蓄积脓性分泌物. 被毛蓬乱或部分皮毛脱落。

**三、治疗**

1.急性皮炎：局部可用3%龙胆紫溶液、氧化锌软膏或磺胺软膏等涂搽。服维生素$B_6$、维生素C。

2.急性湿性皮炎：可外用水杨酸8克、鞣酸8克、70%酒精100毫升，还可用次碘没食子酸铋15克、滑石粉85克，混合治疗。配维生素$B_6$服用。皮炎过程处于较轻的红斑性阶段时，可用鱼石脂10克、水杨酸20克、氧化锌油膏200毫升混合，每天1次，局部涂搽。用强蛋白银5克、凡士林50克、羊毛脂50克涂搽亦有效。

3.疣状皮炎：患病初期可用10%铬酸液或高锰酸钾等腐蚀剂，有人用5%福尔马林酒精液涂搽，也有一定疗效。

4.慢性皮炎：基本治疗原则是使慢性转为急性，因此选择能扩张血管，刺激充血，增加浆液与白细胞渗出的措施。最常用的是水杨酸5克、鞣酸5克、70%酒精20毫升。加肌注维生素$B_6$和维生素C。

5.皮炎的继发性感染：可用氧化锌25克、沉降碳酸钙25克、油酸2.5克、氢氧化钙溶液25毫升，混合涂搽。（福建　郭华生）

# 中西药结合防治幼兔臌胀病

臌胀病是断乳后1~3周龄幼兔最为常见的一种胃肠道疾病。

临症特征：患兔腹部胀大如鼓，胃肠内有大量气体，肠蠕动紧张，精神不安，有时呻吟，不饮不食，蹲伏不动。病重兔表现精神萎靡，呼吸困难，缺氧以致口唇发绀，口流泡沫，常因失治或误治引起衰竭死亡。

近年来，笔者采用中西药结合的方法防治幼兔臌胀病，效果显著，治愈率达93.5%。并发现治愈后的幼兔此病例较少再出现，断奶幼兔成活率明显提高。现将处方介绍如下，供养兔者选用。

山楂肉12克，厚朴、神曲、茯苓各10克，大腹皮、甘草、黄连各6克。上药用水200毫升煎为30%浓药液，供10只病兔一次内服，每日2次，连用2天；或用生姜20克，大黄6克，将两药捣碎后加蜂蜜15毫升混合，患兔每只每次灌服5毫升，每日2次，连用2天。以上中药服完2天后，再选用西药处方进行健胃促食巩固疗效，即每兔每次口服乳酶生2片，复合维生素$B_1$片，多酶片0.5片，用温开水调匀送服，每日2次，连用2~3天。（福建　傅春贵）

## 中药治家兔疥癣病

疥癣病是家兔常发的一种皮肤病，一旦发生，传染很快，不仅易使兔子消瘦死亡，而且会大大降低其皮毛质量。

**1.病因。**因兔舍长期卫生不良，湿毒熏蒸，侵袭肌皮而成其患。患兔皮毛脱落，皮肤红肿，形成白黄色痂皮，时痒难忍，常在笼壁摩擦，有的还会漫延到鼻端、口唇周围，致使体质消瘦，生长缓慢。

**2.治疗。**先内服凉血解毒、杀虫止痒液：地肤子20克，甘草6克，白藓皮、生地、苍术各10克，用水200毫升煎为20%浓药液，每只每次服15毫升，每天3次。再自制外用剂进行患部涂搽：白芷、硫黄各10克，共研成极细粉末，加凡士林30克混合均匀制成软膏，每只每日涂搽1~2次，治愈率可达95%。（福建 傅春贵）

## 家兔肺炎球菌病的综合防治

家兔肺炎球菌病是由肺炎链球菌引起的一种呼吸道传染病，多发生于秋季成年兔群中。病兔常呈感冒症状，表现精神沉郁，发热咳嗽，喘气，食欲停止，眼红流泪，流鼻涕和突然死亡。因此，应采取以下综合有效的措施进行防治。

**1.预防。**保持兔舍笼内清洁干燥，防止兔舍内温度忽高忽低；加强营养，喂兔的饲料要保证清洁、新鲜、多样化；搞好环境卫生，对兔舍笼内及周边环境做到每周消毒一次。

**2.治疗**。采用中西药结合疗法，效果明显。具体方法是：对病兔先用青霉素或新霉素按每公斤体重4万~8万国际单位进行肌肉注射，每日2次。再服中草药：银花、连翘、竹叶各8克，豆豉、牛蒡子、荆芥、薄荷、桔梗、甘草各6克。用水200毫升煎为20%浓度的药液，加入糖适量，每只每次灌服15~20毫升，每日3次。或用金银花30克，板蓝根20克，煎汁内服，每只每次服15毫升，每日3次。实践表明，采用以上方法治疗家兔肺炎球菌病，疗效显著，治愈率可达98%。（福建　傅春贵）

## 鸡寄生虫病的防治

**1.鸡蛔虫**。这种虫子主要寄生在鸡的小肠里，是一种圆形、淡黄色的线虫，一般长50~110毫米。鸡得了这种病后，产蛋量下降，严重时贫血，甚至由于蛔虫堵赛肠道而死亡。治疗方法是：早晨放鸡的时候，给鸡吃2片“驱虫净”，一星期后再给鸡吃2片“驱虫净”，就可以把蛔虫打下来。也可用鲜辣椒给鸡驱虫，每只鸡每次用鲜辣椒一个切碎，给鸡填服，也有较好的驱虫效果。

**2.鸡绦虫**。这种虫一般都寄生在鸡的小肠里，是一种白色的带状分节虫，大的长25厘米以上，小的只有0.5~3厘米，头节上有吸盘和钩子，刺附在鸡肠上。鸡得了这种病，瘦弱、贫血，严重时死亡。治疗方法是：给鸡吃“杀绦灵”，用量可以根据鸡的病情来定。如用槟榔煎汁给鸡喝，效果也较好。

**3.鸡羽虱**。常见的有鸡大体虱、羽干虱和头虱。大体虱长

3~4毫米，大都寄生在鸡的肛门下面，胸、背、翅膀下面也有。头虱长约2.5毫米，寄生在鸡的头部和颈部。羽干虱长1.7~2毫米，寄生在鸡翅膀上。这几种鸡虱对鸡的生长发育和下蛋都有一定的影响。治疗方法：用90%晶体敌百虫600倍液喷洒在鸡身上并轻轻地揉搓，使药液分布均匀，就能把鸡虱杀死。过10天再按此方法治1次。用神奇药笔捣碎撒在鸡窝，也能收到较好的效果。

**4.鸡螨**。鸡螨大约有20多种。其中：鸡刺皮螨白天隐藏在鸡窝的暗缝里，夜里爬出来吸鸡的血，对鸡的危害很大。治疗方法是：将神奇药笔研成粉末，撒在鸡的羽毛上。每隔5~7天1次，连续2~3次。（广东　陈贵善）

## 饲养雏鸡防糊肛

雏鸡糊肛多发生在出壳后的最初几天，做好雏鸡出壳后的饲养管理能有效预防该病的发生。通常应在雏鸡出壳后15~24小时开水，最好让其饮用5%~8%的糖水2~3天，尽量在雏鸡出壳后24~36小时开食，并让雏鸡在两天内学会吃食。雏鸡出壳后前几天不要喂鱼粉和鸡蛋。第一天用小米或玉米碎渣开食，第二天在配合料内添加1/2的玉米碎渣，第三天在配合料内添加1/3的玉米碎渣，以后改喂全价配合饲料。同时育雏室应保持适宜的温度，一天内温度变化不得超过1.5℃，并保持育雏室内空气新鲜。

雏鸡发生糊肛后，可以在其日粮中添加适量的抗生素治疗，也可以在其日粮中添加0.2%~0.3%的复合酶或食母生，以提高雏鸡的消化吸收能力。（广西　林非）

## 中药治肉鸡腹水病效果好

肉鸡腹水病常见于4周龄后的鸡，发病率公鸡多于母鸡。其症状表现为：初期食欲下降，精神不振，羽毛松乱，粪便稀黄色。后期食欲废绝，病鸡呆立一角，腹部臌胀，腹中积液量可达500毫升。笔者近年来采用中药治疗200余例，均获得满意效果。

处方：陈皮、白术、茯苓、茵陈、青皮各45克，大黄、泽泻各40克，莱菔子60克，苍术24克，木通、猪苓、枳壳、槟榔各30克（以上剂量可供100只病鸡使用），煎汁饮用，或拌料喂，每日1剂，连用3天即愈。（广西　周大胜）

## 鸭瘟及其综合防控技术

鸭瘟又名鸭病毒性肠炎、大头瘟，是一种由鸭疱疹病毒Ⅰ型引起的烈性、急性败血性传染病，鸭群一旦感染此病，若防治不到位，蔓延快，死亡率高达90%以上，是对养鸭业的严重威胁。

**一、流行特点**

此病一年四季都可发生，但以春、夏和秋季发生多而重。家鸭最易感染此病，鹅如与病鸭接触密切亦会染病。任何品种、性别、年龄的鸭都能染、发此病，不过发病率和病死率稍有不同：番鸭、麻鸭等易感染性高于外来鸭和杂交鸭等，成年鸭发病率高于幼鸭，产蛋鸭病死率最高。鸭瘟病毒不耐热，56℃10分钟可杀死，80℃5分钟即可杀死。75%乙醇、0.5%石碳酸、0.5%漂白粉和5%石灰乳等药物对其有致弱和杀灭作用。此病自然感染的潜伏期为3~7天，病程多为2~3天，慢的1周以上，有极少数病鸭偶尔能康复。

## 二、症状

发病初期体温升高至42~44℃，呈稽留热（即体温持续在42~44℃或更高，达数天或1周以上，24小时体温波动不超过1℃）。病鸭精神委顿，食欲减弱，口渴，两脚麻痹，行走困难，翅膀下垂，不愿下水，常伏地不走。显著症状为流泪、眼睑水肿、眼结膜充血发红、眼周围的羽毛沾湿。多数病鸭还伴有腹泻并排出绿色或白色稀粪、呼吸困难和头部明显肿大等症状。剖检主要表现是全身出血和水肿，切开头颈肿胀部时流出淡黄色透明液体或胶冻样物；咽喉部、食道黏膜表面覆盖灰黄色或草黄色坏死物形成的伪膜结痂，或食道黏膜出现纵向排列的出血带；腺胃与食道膨大部的交界处有一条灰黄色坏死带及出血带。雏鸭染病，法氏囊红肿，表面有坏死小点，囊腔内充满白色凝固性渗出物；产蛋鸭发病，卵巢、卵泡充血和出血，变形和变色，有部分卵泡破裂而引起卵黄性腹膜炎。鸭瘟的病症有些方面与禽霍乱很相似，易被误诊，应注意，其区别如下：一是禽霍乱病原为禽多杀性巴氏杆菌，多数家禽能感染发病，而鸭瘟除鸭外其他禽类绝大多数不会感染；二是鸭瘟病鸭有特有的流眼泪和眼睑水肿，两脚发软，不能站立，部分病鸭头和颈部肿大，禽霍乱病例则没有；三是鸭瘟病鸭食道和泄殖腔黏膜可见坏死结痂或伪膜性病灶，这些禽霍乱病例则不存在；四是禽霍乱病例肺脏通常有严重弥漫性充血、出血和水肿，但鸭瘟病鸭的肺脏变化不显著；五是抗生素和磺胺类药物对禽霍乱都有良好的疗效，而上述药物治疗鸭瘟则无效。

## 三、综合预防

1.发生鸭瘟应及时按国家有关防疫法规上报疫情，同时划定病区范围，进行严格的封锁、隔离、焚尸（也可深埋2米以下）和全面消毒等工作，被污染的饲料要经高温消毒。饮水每升要加入50~100毫克百毒杀等消毒。

2.鸭舍要每天打扫干净，粪水等集中密闭堆埋发酵，鸭舍、运动场、用具、贩运车辆和笼具等每周或每天用10%~20%石灰乳，或5%漂白粉，或1∶300~1∶400抗毒威等消毒。被污染的放牧水体也要按每亩泼洒20~30公斤生石灰进行消毒。

3.坚持自繁自养。需要引进种蛋或种雏时，一定要严格进行健康检查和消毒处理，经隔离饲养10~15天后证明无病方可并群饲养。

4.鸭群不可在可能感染疫病的地方放牧（如上游有病鸭，下游就不能放牧）。

5.对疫区健康鸭群和尚未发病的假定健康鸭群应立即接种疫苗。

6.注射疫苗预防。鸭接种鸭瘟弱毒冻干苗对预防鸭瘟的发生有很好的效果。使用疫苗时要严格按瓶签上标明的剂量接种，不要使用非正规厂家生产的疫苗。疫苗使用时要用生理盐水或蒸馏水稀释，2月龄以内的鸭可稀释100倍，每羽肌内注射0.5毫升；5月龄以上的鸭可稀释200倍，每羽肌内注射11毫升；30日龄以内的鸭可稀释40倍，每羽肌肉注射0.2毫升。疫苗接种后7天内会产生免疫力。为产生坚强的免疫力，最好隔21~30天再加强免疫1次，种鸭和产蛋鸭在产蛋前可再接种疫苗1次。1月龄以内雏鸭的有效免疫期为1个月，2月龄以上鸭的有效免疫期为6个月。

## 四、综合治疗

1.常规治疗：①早期治疗每羽肌内注射0.5毫升抗鸭瘟高免血

清，有一定疗效。②成年鸭每羽肌肉注射1毫升聚肌胞（一种内源干扰素），3日1次，连用2~3次，有一定疗效。此法特别适用于因鸭瘟疫苗免疫失败而引发鸭瘟的治疗，可有效控制死亡并降低死亡率。③复方病毒唑可溶性粉用于饮水时每50克加水200公斤，用于拌料则每50克加入饲料100公斤，1天2次，连用3~5天。④饮水时每50克复方金刚乙胺加水250公斤，1天1次，连用3~5天。⑤禽用干扰素每瓶（10毫升）稀释25倍，肌肉注射1000羽。

2.中草药治疗：①全蝎、蜈蚣各10条，党参、巴豆、车前子、螳螂子、枳壳、乌药各50克，甘草60克，郁金、桂枝、高良姜、川芎、桑葚子各100克，神曲、石膏各250克，肉桂150克，木香20克，生姜300克，另配白酒600~1200毫升。将上述中药和小麦6~9公斤、水7.5升一起煮（药物要用布包起来）。煮干后再用白酒拌小麦，即可喂给鸭子吃。本剂药使用1次后，可再煮喂同样剂量的小麦1次。1只病鸭每次可喂30克，本剂药一共可喂治100~250只鸭子（用于预防，可喂300~400只）。无论治疗或预防，都应分2次喂给，每天1次，连用22天。应注意的是，鸭吃药后不可让它立刻下田和喝水，应关闭1小时，否则会影响疗效。此方的疗效可达87%。②党参、车前子、朱砂、巴豆、白蜡、桑螵蛸、枳壳、乌药、甘草各50克，蜈蚣、全蝎各10条，生姜、滑石各250克，神曲200克，桂枝、良姜、川芎各100克，肉桂150克，白酒0.5~1升，小麦或稻谷10公斤。将药物用布包好与小麦或稻谷同时入锅，加水以浸没小麦和药物为宜。先用大火煮，后用小火熬，待小麦吸尽汁液后再拌白酒喂鸭。本剂药可喂鸭400羽，喂药后4小时内不可让鸭下水。本方对此病有很好的疗效。③红花、山木通各20克，桃仁、醋炒香附各30克，黄连、甘草各10克，活全蝎、活地鳖各50克，威灵仙15克，鱼松针（捣碎）60克，鲜小杨梅根、鲜芦根各80克，用1升米酒密封浸泡15天后滤汁，每羽鸭1次肌肉注射3毫升，每天2次，连用2~3天，疗效显著。④稻谷、仙鹤草、枫树油、红辣椒按100：10：1：1的比例加水适量同煮。每天每羽鸭喂药50克，连喂3天，治愈率可达65%~85%。（江西　敖礼林）

## 种鹅巴氏杆菌病的诊治

近日，本地某种鹅场饲养的480只猴头鹅相继发病，笔者接诊后发现，这群种鹅已有150只发病，死亡49只。现将诊治情况报告如下：

**1.临床症状。**发病初期病鹅少食或不食，产蛋减少或停止。病鹅嗜睡，眼眶周围羽毛湿润，排灰绿色或灰白色稀粪，倒提病鹅时从口鼻流出大量黏液，体温42.5~43.2℃，出现缩颈、跛行症状，最后衰竭而死，病程1~3天。

**2.割检变化。**剖检病、死鹅可见：口腔、咽喉积聚大量黏液，气管被黏液堵塞；心外膜有斑状出血；腹部皮下有大量呈胶冻状肿物；肝肿大，呈弥漫性出血，表面有黄白色如针尖大小的坏死点，质脆；十二指肠、盲肠出血。

**3.实验室检查。**取死亡鹅的肝脏组织抹片用美蓝和瑞氏染色，镜下观察见有两极着色深的巴氏杆菌。另取病理组织磨碎用无菌生理盐水做1：100稀释成乳液，取1毫升腹腔接种一只健康家兔，家兔于24小时后死亡。再取死亡家兔心肝涂片，发现视野内有大量两极染色的巴氏杆菌。根据临床症状、剖检变化及实验室诊断，可确诊为鹅巴氏杆菌病。

**4.防治措施。**首先将健康鹅与病鹅严格隔离，用禽出败疫苗按每只1毫升紧急预防注射，并对鹅群的活动场所及栖息地用消毒威1∶20倍稀释液普遍喷洒1次，隔5日再进行1次消毒。其次对病鹅进行治疗，每只每次用青霉素20万单位，链霉素10万单位肌注，每日2次，连用5日，并加强护理。用药后第2天鹅群未出现死亡。经过1周的努力，控制了病情。（广西　大胜）

## 鹌鹑常见疾病的防治

鹌鹑常见疾病有传染病（新城疫、马立克病、支气管炎、溃疡性肠炎、鹑白痢、鹑巴氏杆菌病、曲霉菌病、白喉病、鹑疫），寄生虫病（球虫病、隐孢子虫病、羽虱、石灰脚病），营养代谢性疾病（维生素A缺乏病，维生素$B_1$、$B_2$、$B_3$以及维生素D、E缺乏症），普通病（胃肠炎、脱肛）等。现介绍其防治方法如下：

**1.新城疫。**鹌鹑新城疫多在鸡新城疫流行后期发生，该病毒侵入机体后引起败血症，死亡率较高。此病一年四季均可发生，但以春秋两季多发。病禽的唾液、粪便等均含有大量病毒，通过饲料、饮水和用具传染给健康禽。病禽在咳嗽或打喷嚏时，也可通过空气传播病毒。病初一般出现神经症状，头向后或偏向一侧，口中流出液体，食欲不振，拉绿白痢，软壳蛋和白壳蛋增多，一般2~3天死亡。急性病呼吸困难，神经紊乱，很快死亡。以40~70日龄青年鹌鹑发病较多，7月龄以上发病率较低。死亡率在产蛋前发病时为50%，在产蛋后发病降低到10%，但病程较长，产蛋明显减少。剖检症状主要为腺胃、肠道及卵巢有出血性病变，尤其是食道与腺胃接头处的黏膜有针尖状的出血点或出血斑。该病无特效治疗药物，应以预防为主。接种新城疫疫苗是预防本病最有效的办法。可采用新城疫Ⅱ系疫苗饮水免疫，连用3次。第一次在4日龄，用Ⅱ系弱毒疫苗1毫升加凉开水1000毫升稀释后供饮，每1000只雏鹑需饮水15000毫升。第二次在20日龄，约饮2000毫升。第三次在50日龄，约饮5000毫升。在饮水免疫的前一夜，停止供水，造成鹌鹑有渴感，次晨放入有疫苗的水，使所有鹌鹑均能饮水，且在2小时内饮完。

**2.马立克氏病**。马立克氏病也是鹌鹑常发的一种病毒性疾病，病鹑表现为精神不振、瘫痪、贫血、两翅下垂、排绿色稀粪。剖检时常见内脏型，表现为心脏、肺、腺体、胃、肝、肾、睾丸及卵巢出现单个或多个肿瘤。本病无特效药物治疗，以预防为主。给初生鹌鹑皮下注射马立克疫苗效果较好。

**3.石灰脚病**。该病病原体为突变膝螨，多寄生在鹌鹑胫部和趾部。得病鹌鹑胫部和趾部发炎，有炎性渗出物，形成灰白色或黄色结痂。严重时可引起关节肿胀，趾骨变形，行走困难，生长受阻，产蛋下降。治疗可用20%硫黄软膏涂擦患部，每天2次，连用3~5天。也可以用温水洗去胫部和趾部的结痂，然后用0.1%敌百虫溶液浸泡4~5分钟。

**4.鹌鹑支气管炎**。鹌鹑支气管炎是鹌鹑支气管炎病毒（QBV）所引起的一种急性、高度传染性呼吸道疾病。其特点是流泪、打喷嚏、咳嗽、呼吸困难、鼻窦发炎，蔓延迅速，死亡率高。QBV通过接触及空气传播，火鸡和鸡也可能发生感染，但不表现临床症状。鹌鹑发病率高达100%，死亡率为50%~100%。

临床症状：潜伏期4~7天。病鹑精神委顿，结膜发炎、流泪；鼻窦发炎，甩头；打喷嚏，咳嗽，呼吸急迫，气管啰音；常聚堆在一起，群居一角；时而出现神经症状。成鹑产蛋下降，产畸形蛋。

病理变化：结膜发炎，角膜混浊；鼻窦发炎，时有脓性分泌物；肺、气管发炎有病变，内有大量黏液；气囊膜混浊呈云雾状，有黏性渗出物；肝有时发生坏死病变；腹膜发炎，腹腔有浓性渗出物。

防治方法：

（1）患病期间在饲料与饮水中添加0.04%~0.08%的土霉素和金霉素，并适当提高雏室及鹌鹑舍的温度，改善通风条件，可减少死亡。

（2）加强防疫工作，严防带毒者与鹌鹑接触。

（3）发病期停止孵化，得病鹌鹑不可作种用，发病群的种鹌鹑要淘汰。

**5.鹌鹑双球菌病**。鹌鹑双球菌病是由双球菌引起的以拉稀、歪头为特征的传染病。

临床症状：精神沉郁，食欲减少或废绝，闭目昏睡，呼吸困难，羽毛蓬乱无光。多数病鹌鹑头歪向一侧，不断倒地，人工扶起，歪着头又倒地，个别倒在地上采食。腹泻严重，排黑色黏性或白色稀便。有的关节肿大，腹部肿胀发紫。产蛋小或产软蛋、白皮蛋、棕色蛋，产蛋率显著下降。病程7~21天。

病理变化：体表脱毛处皮肤发红，腹腔内有浆液性、出血性或浆液纤维性渗出物。小肠壁增厚，肠管变粗，肠黏膜有弥漫性出血斑点，有的溃疡面有高粱粒大小的黄色干酪样物，拨去干酪样物可见红色的溃疡凹陷。肝脏肿大，肝被膜有不同程度的出血斑或黄色条纹。脾脏肿大1~2倍，有出血斑点。肾肿大3~4倍，色暗。输卵管发炎。

防治方法：链霉素2克用水溶化后拌料24公斤；0.05%痢菌净饮水。上药均连用7天，间隔5天，再用上法连服7天，可治愈。在服药期间，对鹌鹑舍及饮用具经常清洗消毒，保持鹌鹑舍环境

卫生。（河北　范坤棉）

## 鸽常见病的防治

**1.禽出败：**患鸽食欲减退，大量饮水，口流黄色油脂状黏液，下痢。

防治：①鸽舍、用具及周围环境用20%石灰乳或5%来苏儿液消毒。鸽每年注射1~2次禽出败疫苗。②病鸽肌注10%磺胺嘧啶钠1毫升，每天注射2次，连续注射2~3天，同时用链霉素片10万单位1次内服。③大蒜3份，花生油2份，硫黄1份，捣碎混合，每只患鸽服黄豆大小的1粒，日服2次。

**2.球虫病：**病鸽拉带血稀粪，有时粪呈红褐色，大量饮水，体质瘦弱。

防治：①及时隔离病鸽，并对鸽舍、用具、饲料、饮水消毒。②每只病鸽每次服青蒿液1毫升，日服2次。③每次服磺胺二甲基嘧啶0.25克，日服1次，连服3天。④呋喃西林0.005克，鱼肝油胶丸1粒，日服1次，连服3天。

**3.鹅口疮：**发病初期，病鸽的口腔，咽喉出现白点，继而溃烂，口内流出有酸臭味的胶黏液体，随后口腔和咽部黏膜形成白色干酪状假膜，并且逐渐扩散到嗉囊及腺胃。

防治：①不喂变质饲料，以小麦为主食时要搭配杂粮。②发病初期，用药棉蘸碘酒或明矾水搽口腔及咽喉中的假膜，抹去干酪状物后.用六神丸3~4粒研细喂服，每天2次。③出现黄色结痂时，用镊子或刀片将结痂剔去，涂搽碘甘油、云南白药、花椒酒等，可在饮水中加入0.05%的硫酸铜，同时每次服土霉素1片，日服2~3次。

**4.胃肠炎：**患鸽腹泻，拉白色或绿色的稀粪，重症者拉墨绿色黏性稀粪，拒食、呕吐。

防治：①喂给病鸽易消化的饲料和清洁盐水。②口服磺胺0.5~1片，日服3次，连服3天。③口服合霉素加酵母片、乳酶生、复合维生素B1，日服2次，每次各服1片，连服3天。

**5.副伤寒病：**病鸽离群呆立，头下垂，腹泻，粪便呈黄色或黄绿色，有时拉血便。翅膀或腿部关节出现水泡样肿块。

防治：①加强饲养管理，严格消毒。②盛放饲料、保健砂和饮水的容器用热碱水消毒。③痢特灵按0.02%~0.04%的比例拌入饲料中喂服，连喂数天。④病鸽可用土霉素、庆大霉素、氯霉素等药物治疗，每次每只服0.5片，连服3~5次。

**6.鸽蛔虫病：**病鸽发育迟缓、体质弱、无神、腹泻、羽毛蓬乱、趾部浮肿，病重者下痢带血。

防治：①每隔2~3个月，用驱蛔灵（每次1/4片），石榴根煎水，驱虫净（25~40毫克/公斤）一次内服。②驱虫后次日早晨清除粪便。③驱虫后增加营养，并口服维生素A或多维素，治肠道创伤。

**7.农药中毒：**患鸽嗉囊积液，瞳孔缩小并反射不灵、流泪、头颈震颤，拒食、口腔黏液增多，死后头脚向后伸直。

防治：①忌喂喷洒过农药的饲料和饮水。②口服颠茄0.01~0.03毫升解毒，同时每公斤体重肌注氯磷定0.01~0.02克，阿托品0.01毫升。（重庆　幸莫权）

# 蜜蜂常见传染病的防治

**1.欧洲幼虫腐臭病：**本病主要发生在春秋两季，弱群、保温不良、饲料不足的蜂群最易发生。发病死亡多在2~4月龄期。发病初期，幼虫身上无光泽，出现少量死亡，病情严重时，幼虫全部腐烂，散发酸臭味，导致蜂群弃巢而逃。因此，对发病蜂群要加强管理，蜂群发病时可用.5公斤糖浆加10万单位链霉素或4片磺胺噻唑钠调匀喂蜂，每框约喂50克，两天一次，连喂6~7次。

**2.囊状幼虫病：**本病多发生在春秋气候多变季节和蜜蜂繁殖期，发病死亡的是六日龄幼虫，死后挑尸呈“囊状”，群众称它为“尖头虫”。对囊状幼虫病，要选择抗病力强的蜂群培育蜂王、雄蜂，替换病群的蜂王，逐步提高蜂群的抗病力；要加强饲养管理，补充人工饲喂，做好换王断子清巢工作，减少病源。发病时，可选用半枝莲、贯众、虎杖等的其中一种，用干品50克，加水煎浓去渣后，按一比一加入白糖，配成药糖浆喂10框蜂。

**3.孢子虫病。**本病常在春末夏初、秋末冬初季节发生，患病蜂群初期无明显症状，病情加重后，中肠浮肿，体色变黑，飞翔力减弱，不久就会死亡。可采用5%~10%醋糖浆，或0.5公斤糖浆加入巴龙霉素10万单位拌成药糖浆，每群蜂喂药糖浆100~150克，1~2天1次，连喂7~10次。（广东　陈贵善）

# 桑蚕病害防治技术要点

在饲养桑蚕过程中，蚕病的发生与幼虫的体质、病原体、环境条件有着密切的关系。为了有效地控制幼虫病害的发生，在饲养桑蚕幼虫期要以防为主，综合防治，才能确保优质、高产。其防治措施有以下几个方面：

**一、彻底消毒，杜绝传染病源**

1.打扫卫生。在养蚕前要对使用场所及蚕具等进行全面清扫和清洗，要彻底清除室内外的病蚕尸体及蚕沙以及养蚕用具上面的残余茧丝和杂草垃圾。地面要用清水洗刷，以便提高药物的消毒效果。

2.消灭病源。消灭病源是饲养桑蚕预防幼虫发病综合防治的重要措施，其病源是生产上危害十分严重的主要病害来源。因此，要对养蚕用具及周围环境做到彻底消毒，消灭病源，确保养蚕安全。

3.蚕室消毒。养蚕室打扫干净、地面用清水冲洗之后，用漂白粉液进行地面、墙壁、棚顶喷雾消毒，最后封闭门窗，用消毒散熏烟消毒。

4.蚕具消毒。蚕具洗刷干净之后，要用漂白粉液进行消毒，药剂要配准确，喷雾药液要均匀。消毒完毕，把蚕具摆放在室外，在阳光下曝晒。

5.淘汰弱蚕。在饲养过程中，要严格提青和分批，淘汰迟眠蚕和小蚕，或分别饲养，保证群体幼虫生长发育整齐，尽量减少蚕座混育，防止感染蚕病，这也是预防蚕病发生的一个重要措施。

6.蚕期消毒。在收蚁前和饷食前，要对眠时和老熟时的幼虫分别用蚕体蚕座消毒剂消毒，以保护幼虫体不受病毒的侵袭。饲养过程中要适量采用生石灰进行蚕体和蚕座消毒。

**二、加强卫生防疫，保持蚕室清洁**

1.蚕室要清洁。要保持养蚕室清洁卫生，及时清扫给桑后落地的残叶、蚕沙，清扫时要尽量减少灰尘飞扬。

2.储桑要防毒。储桑场所要保持清洁卫生，要经常做好储桑室消毒工作，同时要防止把病毒带入储桑室。

3.给桑要洗手。为防止手携带病菌接触幼虫、桑叶，工作人员在给桑前要洗手，保证幼虫食叶安全。

4.清理蚕沙。要及时清除蚕沙，清除的蚕沙要远离养蚕室集中堆放。除沙后用0.3%有效氯漂白粉和1%石灰浆进行地面消毒。

5.蚕病处理。淘汰的弱小蚕、病蚕和蚕尸不要随便丢弃，每天要集中统一消毒，然后深埋地下作为肥料。

6.添食防病。饲养期间，除用石灰和蚕座净对蚕室、蚕具、蚕体、蚕座消毒外，同时要添食氯霉素，防治细菌性蚕病。必须在2龄期添食1次氯霉素，在5龄期要添食2次。

**三、消灭桑园虫害，保证幼虫食叶安全**

1.捕杀害虫。捕杀桑园害虫是保证安全生产的一个重要措施，因此，要及时捕杀桑园害虫，防止害虫食桑叶传染桑蚕幼虫病。

2.药物处理。桑园害虫发生较多、污染桑叶较重时，可用0.2%~0.3%有效氯漂白粉液喷洒叶面消毒。

**四、加强技术管理，提高茧质**

1.良叶饱食。在饲养过程中，要根据幼虫不同龄期，选采优良桑叶喂食，确保幼虫达到良叶饱食，增强体质，获得优良茧质。

2.防高温。小蚕期高温环境对生长发育不利，因此，养蚕室内要做到三稀，即蚕架稀、蚕匾稀和蚕头稀。不要关闭蚕室门窗，保持室内通风良好。遇到高温时，要向地面、墙壁喷清洁水降温。

3.饲养适温。1~2龄蚕饲养适宜温度为26~27℃，干湿差0.5℃；3龄蚕饲养温度为24~25℃，干湿差2℃；4~5龄蚕饲养适宜温度为22~23℃，干湿差4~5℃。大蚕期室内温度不能低于24℃。低于24℃时，要关闭门窗增温，同时要注意通风。

4.防饥饿。夏季养蚕正处于高温季节，桑叶干萎快，容易失去水分，幼虫不喜食，会导致幼虫饥饿。为保持桑叶水分，在1~2龄期匾内要铺防干纸，上盖塑料薄膜，3龄幼虫只盖不垫，幼虫进入眠期后揭去上面的薄膜，以保证幼虫正常食叶，不饥饿。

5.桑叶保鲜。要把采回的桑叶置于湿度较大的环境条件下保存，使桑叶处于鲜润状态。如果桑叶干萎较重，可在喂叶前半小时喷洒清洁水，用湿润叶饲喂。

6.防止中毒。为了防止幼虫农药中毒，要禁止接触过农药的人及有农药的工具进入养蚕室，避免幼虫农药中毒。（黑龙江丁福成）

## 秋季给畜禽驱虫土方荟萃

秋季是畜禽集中驱虫的好时机，采用下列一些土方法，无公害，疗效好，且这些方法中的药材来源广泛，经济实惠，可就地取材。

**1.南瓜子驱虫**。用新鲜南瓜子研成细末，拌少量饲料，在早上喂食前先行喂服，可驱除畜禽肠道绦虫，也能驱除猪蛔虫。成年家畜1000~2000克，羊400~500克。猪的用量：15~25公斤的小猪100~300克，连喂两次可驱蛔虫。成鹅喂50克，可驱除剑带绦虫。

**2.石榴皮驱虫**。石榴皮可驱除畜禽体内的绦虫，配合用药可驱除鸡蛔虫。用150~200克干品，加入适量的水，文火煎汤，凉后在30分钟内分两次灌服；或用石榴皮、南瓜子各75克，槟榔子125克共研末，按2%浓度拌料，空腹喂鸡，每日两次，连喂2~3天可驱除鸡蛔虫。

**3.苦楝树皮驱虫**。用鲜苦楝树皮25克，水煎去渣，加红糖适量，按2%拌料，空腹喂，每日1次，连喂2~3次，可驱除鸡蛔虫；用高度白酒250毫升，浸泡苦楝树皮一束，2~3天后用来涂搽牛体，可杀灭牛虱。

**4.硫酸铜驱虫**。硫酸铜可杀死羊的多种肠胃线虫，驱虫时用1：100硫酸铜溶液（要现配现用），一般成年绵羊用量80~100毫升，成年山羊不超过60毫升。

**5.桃叶驱虫**。取鲜桃树叶1公斤，加水1公斤煎煮，凉后取汁擦洗猪、牛身上生虱子处，连洗两次，即可把猪、牛虱杀灭。

**6.烟草驱虫**。烟茎（叶）内含有毒的尼古丁，能杀灭蛔虫、疥癣和虱子。将其研成细末，按2%浓度拌料，任鸡自由采食，每天两次，连喂4~5次，驱除鸡蛔虫有良效。兔、猪、鸡、牛、羊、马等灭虱子，可用2%~5%的煎剂，涂刷或喷雾被毛深处，有良效。

**7.硫黄驱虫**。用硫黄可杀灭疥癣和虱子。将硫黄粉和棉籽油调成软膏状，或用硫黄和石灰配成合剂，涂搽家畜患处，疗效显著。

**8.槟榔驱虫**。槟榔为棕榈科植物槟榔的干果，有杀虫消积、利水行气之功效，对蛔虫、姜片虫、牛羊结节虫等寄生虫有较好疗效。成年大牲畜用量30~100克，猪10~20克；成鸡每公斤体重1克，煎汁注入嗉囊，可驱除鸡绦虫。鸭、鹅每公斤体重0.75克煎汁灌服，7天后再用1次，可彻底驱除剑带绦虫；用槟榔、苦楝皮各30克，黄花龙牙、花椒、甘草各20克，水煎内服，可治疗牛绦虫病。

**9.乌梅和花椒驱虫**。乌梅和花椒均可驱虫，若将两者合用、效果更佳。将花椒用文火炒黄捣烂，15公斤重的小猪，用乌梅和花椒各50克，用温水调成稀粥状，先灌一半，剩余一半等15分钟后再灌服，可驱猪蛔虫。也可随猪体重的增加适当加大剂量。

**10.雷丸驱虫**。雷丸所含溶蛋白酶是驱除禽绦虫的有效成分，但遇热易被破坏，须生用。成禽2~4克，研细末，冷开水调服。

**11.钩吻驱虫**。钩吻（大茶药、断肠草）具有杀虫、健胃、止喘等功效。用量：牛50~100克、猪25~50克，注意猪牛内服量不宜过大，其他家畜（马、犬、兔等）禁止内服。

**12.鹤草根芽驱虫**。鹤草根芽含有鹤草酚，可驱除禽绦虫。干品，每次成禽用2~4克内服；浸膏，每公斤体重用150毫克内服。

**13.百部驱虫**。百部对虱子和蛲虫有良好的杀灭作用。有效成分易溶于酒精，灭虱时，用20%的酒精浸液局部涂刷或喷洒。用50%的水煎液200毫升灌服，可驱除马蛲虫。

**14.榧子驱虫**。榧了对驱除蛲虫有良效。用50%的水煎汁200毫升灌肠，可驱除马、骡、驴等家畜蛲虫。

**15.油类驱虫**。用油类（柴油、猪油、菜油等）涂搽或喷洒畜禽寄生虫患处，可封闭虫口，使疥螨、虱子等体外寄生虫窒息

而死。（山东　畜祀敏）

## 泥鳅常见病防治方法

**1.赤皮病**。此病由于捕捞、运输过程中碰伤鳅体，或因水质恶化而引起细菌侵入，诱发此病。病鳅的鳍、腹部皮肤及肛门周围充血、溃烂，尾鳍、胸鳍发白溃烂尤为明显，危害较严重。

防治方法：发现此病可按1立方米水体溶解20克呋喃奈斯水溶液，浸洗病鳅15～20分钟；也可用占全池泥鳅体重0.04%的呋喃奈斯拌饵投喂，连喂3天，疗效比较显著。

**2.曲骨病**。病鳅背骨弯曲，因孵化时水温异常及缺乏维生素所致。

防治方法：孵化时保持适温，防止水温急剧变化，投喂混合饲料。

**3.水霉病**。由于水温较低或冬季鳅体受伤，开春后易感染水霉病。病鳅身上长满白色棉絮状的水霉。

防治方法：发现此病，用2%～5%的食盐水浸洗病鳅5～10分钟，也可用浓度为每升10毫克的福尔马林溶液浸洗病鳅15～30分钟，即可治愈泥鳅水霉病。

**4.寄生虫病**。泥鳅种苗阶段常见有车轮虫、三代虫等寄生虫，被寄生虫侵袭的鳅苗常常浮于水面，急促不安，或在水面打转。

防治方法：发病鱼池可按1立方米水体用0.5克硫酸铜和0.2克硫酸亚铁制成的合剂全池泼洒。

**5.气泡病**。鳅苗阶段，由于水中氧气或其他气体含量过多，易导致气泡病。病鳅肠中充气，腹部鼓起，浮于水面。

防治方法：发病重的鱼池，可用浓度为每升1克的食盐水全池泼洒，或加入新鲜水体。平时投饵要注意适量、多样化，并加强水质管理，可以预防此病的发生。

**6.敌害生物**。泥鳅的主要敌害生物有蛙类、水生昆虫、鸟类及凶猛肉食性鱼类。

防治方法：清除池边杂草，保持养殖环境卫生，严防蛙类侵入，发现蛙类应及时捕捉，蛙卵要及时捞除；进水口要用筛绢网拦好，防止野杂鱼随进水时进入池中；发现鸟类，及时驱赶。（江西　熊春贤）

## 野生鲶鱼常见病害的防治

野生鲶鱼属鲶形目、鲶科鱼类。俗称黄鲶、中华鲶、小口鲶，系特种水产养殖的后起之秀。野生鲶肉味鲜美、营养丰富，并且生长迅速，因而深得养殖户的青睐。野生鲶抗病力强，在野生情况下很少生病，但在人工池塘精养条件下易出现出血病、肠炎病、烂鳃病、白头白嘴病以及一些寄生虫鱼病和营养性鱼病。

**1.出血病**。症状：病鱼头顶部明显充血，眼眶出血，眼球突出，鳍末端稍腐烂，鳃丝黏液增多，肛门红肿，肠道充血发炎，肠内食物减少或无食物。此病一般发生在3～5厘米鱼种阶段，流行于5～6月，发病水温24～28℃，发病后大批死亡。防治方法：强氯精0.3毫克/升全池泼洒；漂白粉1～1.2毫克/升全池泼洒，同时投喂鱼血散，每天每万尾鱼种用药100克拌饲料投喂，连喂5天。

2.肠炎病。症状：病鱼初期肛门发炎红肿。病鱼喜欢靠边集群不动或独自漫游，体色变暗，投饵后一般不抢食。死鱼大部或全部肠道充血。防治方法：不喂变质饲料，盛夏期间在饲料中加0.05%～0.1%的生大蒜汁。发病后每公斤饵料拌痢特灵8～10片，每天早晚各1次，连喂2天，同时对饵料台要坚持消毒清洗。

3.白头白嘴病。症状：主要是细菌侵袭所致，病鱼体表、局部和吻边前缘、各鳍末端等部位发炎。防治方法：发病季节定期用低浓度药物预防，或每7～15天用25～35毫克/升浓度的生石灰泼洒。用1～1.5毫克/升强氯精或2～2.5毫克/升漂白粉加5～10毫克/升高锰酸钾，每天上下午各泼洒1次，连用2天。

4.烂鳃病。症状：早期病鱼鳃丝腐烂，食量减少，体色变暗。防治方法：用浓度为1～1.5毫克/升的晶体敌百虫泼洒；内服鱼菌灵、鱼用杀菌灵药物效果较好，每天投喂1～2次，连服3～5天。

5.绦虫病。症状：病原为鲶华丽绦虫。病鱼体色稍黑，游动缓慢，胃肠内无食物。肠内有许多淡黄色黏液，绦虫就寄生在肠内。危害鱼时感染率在60%左右。危害成鱼时虫体寄生于中肠，堵塞肠道，严重影响生长。发病时间为4月。防治方法：每50公斤饲料加90%晶体敌百虫30克进行投喂，每日1次，连用3～5天。

6.营养综合征。症状：病鱼肝脏发白或发黄、萎缩，肝汁变黑，主要危害成鱼生长。发病时间为4月。防治方法：用10公斤饲料加鱼状粉100克进行投喂，每天2次，连用7天，每10公斤饲料加鲶鱼乐100克进行投喂，每天2次，连用3天。（江西　徐理炳）

# 黄颡鱼常见病害防控技术

**1.锚头蚤病**。由锚头蚤寄生引起。发病初期，病鱼出现急躁不安、游动迟缓、鱼体消瘦等现象。寄生部位充血发炎、肿胀，并出现红斑。肉眼可见锚头蚤寄生。4～6月是流行季节。

治疗可用90%晶体敌百虫全池泼洒，使池水浓度为每立方米0.3～0.4克，疗效显著。

**2.出血性水肿病**。由细菌感染引起。病鱼体表泛黄，黏液增多；咽部皮肤破损充血呈圆形孔洞；腹部膨大，肛门红肿、外翻；头部充血，背鳍肿大，胸鳍与腹鳍基部充血，鳍条溃烂，甚至腹部自胸鳍到腹鳍纵裂，胆汁外渗。腹腔淤积大量血水或黄色冻胶状物，胃肠内无食，胃苍白，肠内充满黄色浓液，肝脏土黄色，脾脏坏死，肾脏上有霉黑点。该病在苗种或成鱼养殖期间危害最大，尤其在苗种培育过程中较为流行，死亡率高达80%。高温季节，该病易暴发且来势猛、蔓延快。

养殖过程中，应密切注意水质情况，保持良好的环境条件，水体溶解氧含量应保持在5毫克/升以上；适当降低鱼苗的放养密度；疾病发生后，每天进行水体消毒1次，连续3天。在投喂鱼肉浆时，每天应在饵料中添加1%食盐。

**3.水霉病**。由水霉菌感染引起。水霉菌初寄生时，肉眼看不出异状，当肉眼能看到时，菌丝已侵入鱼体伤口且向内外生长和蔓延扩散，似灰白色的棉絮状附着物，病鱼游泳失常，焦躁不安，直到肌肉腐烂，失去食欲，瘦弱而死；若鱼卵上布满菌丝，则变成白色绒球状，霉卵成为死的鱼卵。严重危害孵化中的鱼卵和鱼体体表带有伤口的苗种和成鱼。此病在水温低时最易发生，多因为拉网、分箱、运输过程中操作不当引起。

为此，在捕捞、运输和放养过程中，应尽量避免鱼体受伤，并掌握合理的放养密度。鱼种下塘前，用浓度为2%～3%的食盐水溶液药浴消毒，全池泼洒亚甲基蓝，使池水达到2毫克/升浓度，2天后再泼洒1次。受精卵在孵化前要进行严格消毒，水温最好控制在26～28℃，孵化过程中还要对受精卵进行再次消毒。

**4.肠炎病**。由点状产气单孢杆菌感染引起。病鱼腹部膨大，肛门红肿，轻压腹部则肛门有黄色黏液流出。剖开鱼腹，患病较轻的鱼体食道和前肠充血发炎，严重者全肠发炎呈浅红色，血脓充塞肠管。病鱼离群独游，活动迟缓，食欲减退。肠炎病主要危害鱼种和成鱼。病菌感染可能来源于养殖水域的底层淤泥，鱼摄食的浮游动物、水蚯蚓，人工配合饲料中的鱼肉浆也有可能携带该病菌。流行高峰多发生在水温为25～30℃时。

防治肠炎病的措施是：鱼苗放养前池塘要彻底清塘消毒；平时养殖过程中不投喂霉变腐败的饲料，活饵应用2%～3%食盐溶液消毒，并定期在投喂的饲料中添加1%食盐或0.1%鲜大蒜汁；全池泼洒每立方米0.5克二溴海因。

**5.车轮虫病**。由车轮虫寄生引起。病鱼焦躁不安，严重感染时病鱼沿塘边狂游，呈“跑马”现象；镜检可见大量车轮虫寄生于鱼体的鳃丝和皮肤黏液上。主要危害黄颡鱼鱼苗、鱼种，多发生于春末秋初。

治疗时可全池泼洒每立方米0.7克硫酸铜和硫酸亚铁合剂（5∶2），或每亩用苦楝树叶30公斤煎煮后取汤汁全池泼洒。

**6.小瓜虫病**。由多子小瓜虫寄生引起。在病鱼的体表肉眼可见小白点，严重时体表似覆盖了一层白色薄膜；镜检鳃丝和皮肤黏液，可见大量小瓜虫。多子小瓜虫的繁殖适温为15～25℃，流行于春秋季。当过度密养、饵料不足、鱼体瘦弱时，鱼体易被小瓜虫感染。

治疗该病可用福尔马林50～60毫克/升的浓度浸洗鱼体10～15分钟，同时，发病鱼池亦用福尔马林消毒；全池泼洒每立方米2克亚甲基蓝，连续数次，每天1次。

**7.机械损伤**。由于黄颡鱼胸鳍和背鳍长有硬棘，又喜欢集群生活，在生产操作和运输过程中易造成鱼体皮肤擦伤、裂鳍等机械性损伤，继发细菌感染和霉菌感染，以烂鳍和生长水霉为主要症状。并且主要为网箱分养操作及大规格鱼种长途运输后受伤。

预防措施是：在拉网锻炼和运输中要细心操作。出苗时，暂养网箱时间不要过长，并尽可能降低暂养网箱的放养密度。运输用水中可以适量添加土霉素，鱼种入池或入网箱前要用低浓度高锰酸钾或30%食盐水溶液浸洗消毒。

总之，在养殖黄颡鱼常见疾病的控制中，要坚持“以防为主，防重于治”的方针，切实做好预防工作：①彻底清塘，严格消毒。②苗种放养时，要用食盐等药物浸浴消毒。③放养体质健壮、无病害的苗种。④投喂新鲜、优质饲料，坚持“四定”、“四看”投喂方法，不施用未经过发酵的粪肥。⑤加强水质管理，定期注换水。⑥定期泼洒药物消毒水体与口服药物，坚持对活饵、饲料台、食场进行消毒。⑦发现鱼病，及时诊治。应注意，黄颡鱼为无鳞鱼，对硫酸铜、高锰酸钾、敌百虫等药物比较敏感，尤其要慎用。（安徽　谢申柱）

# 锦鲤病害防治技术

**1.肠炎病**。病鱼食欲降低，行动缓慢，常离群独游；鱼体发黑，腹部膨大，肛门外凸红肿，挤压腹壁有黄红色腹水流出。治疗方法：每50公斤饲料加韭菜1公斤、食盐0.25公斤、大蒜0.25公斤或每15公斤豆饼加韭菜5公斤、大蒜0.5公斤捣烂拌匀投喂。也可在饵料中每公斤拌入0.2克磺胺脒投喂病鱼，连续5天。对发病严重不摄食的鱼，可腹腔注射卡那霉素500～1000国际单位，3～5天即可。

**2.水霉病**。病鱼体表或鳍条上寄生有灰白色、棉絮状的菌丝。口服维生素E，每10公斤鱼每天投喂0.4～0.6克，可增强抵抗力，对病鱼可用400～500毫克/升食盐溶液和400～500毫克/升碳酸氢钠溶液合剂喷洒。

**3.竖鳞病**。病鱼体表粗糙，鳞片竖起，鳞基水肿。治疗方法：①用2%食盐水溶液浸洗鱼体5～15分钟，每天1次，连浸3～5天。②先把病鱼养在0.5%食盐水中，停食2天，移入清水中，每尾鱼投喂磺胺嘧啶0.2克，隔天1次，连服5次。

**4.小瓜虫病**。病鱼体表、鳍条和鳃上有白点状的囊泡，严重时病鱼全身皮肤和鳍条布满白点和覆盖着白色的黏液。治疗可用10～15毫克/升的福尔马林加1～2毫克/升的亚甲基蓝全池泼洒，隔天1次，连用2～3次。

**5.指环虫病**。指环虫寄生于鱼的体表和鳃丝上，病鱼鳃瓣浮肿、呈灰白色。防治可用0.2～0.4毫克/升浓度的晶体敌百虫溶液全池泼洒。也可用0.2毫克/升浓度的高锰酸钾溶液浸洗鱼体

10～30分钟。

**6.锚头蚤病。**锚头蚤易寄生在锦鲤腹部或鳍的根部，寄生部位的鱼鳞会竖立起来或发红，所以很容易判别。治疗可用镊子直接将虫体拔出，寄生部位用红药水涂抹，然后放入另一干净的鱼盆内，用0.2毫克/升的敌百虫溶液或3%的食盐溶液浸泡30分钟左右。（江西　周小仁　王信勇）

## 池塘养殖加州鲈常见病防治技术

### 一、寄生虫病

1.车轮虫病。症状：病鱼不吃食，离群漫游于池边或水面，鱼体消瘦发黑；鳃部常呈现暗红色和分泌大量黏液，鳃丝边缘发白腐烂。病原为车轮虫和小车轮虫。此病主要危害5厘米以下的种苗。流行期为4~6月。严重时可造成死亡。

防治：控制水质，池水不要太肥，放养密度不要过大。按每亩每米水深70毫升的药量全池泼洒双效硫酸铜。

2.石碑虫病。症状：被寄生的病鱼体色灰黑，群游于水面，像水中缺氧而浮头的鱼一样，但往水中冲水或充氧鱼仍不下沉。病鱼鳃、体表、鳍条黏附有灰白色的絮状物，将此物放在显微镜下观察，可见到大量的石碑虫。该病主要危害5厘米以下的苗种。流行期为夏、秋季。发病时感染率高达90%~100%，可造成死亡。

防治：与车轮虫相同。

3.锚头鳋病。症状：病鱼烦躁不安，食欲不振。体表着生有针状的锚头鳋，着生部位周围组织发炎红肿，出现红色斑块，继而组织坏死，为水霉和细菌的入侵创造条件。此病全年均可发生，个体较大的病鱼一般死亡率不高，但较瘦，外观难看，失去商品价值。

防治：苗种放养前用3%~5%食盐水浸泡15分钟左右，或用1.5%~2%高锰酸钾溶液浸泡15分钟。

**二、真菌病**

水霉病。症状：病鱼体表伤口或鳞片脱落处附着一团团灰白色的棉絮状绒毛，病鱼食欲不振，虚弱无力，漂浮水面最终死亡。病源为水霉或绵霉。此病主要流行于春季，鱼体外伤后易患此病，常在溃疡病灶中继发感染，引起死亡。

防治：用6%食盐水浸浴病鱼8~10分钟。或每立方米水体用食盐、小苏打各400克化水全池泼洒。

**三、细菌性疾病**

1.烂鳃、烂嘴病。症状：病鱼体色变黑变暗，离群漫游于水面、池塘边缘，对外界的反应迟钝，食欲不振。鳃瓣通常腐烂发白或有带污泥的腐斑，鳃小片坏死、崩溃。病源为柱状纤维黏细菌感染引起。发病水温为23~30℃，大雨过后、水温回升时易发此病。此病危害很大，严重时会造成大量死亡。

防治：注意放养密度不宜过大。不喂变质腐败的饵料，定时清除池内残余饲料。注意控制水质，及时换注新水。捕捞和运输操作时要尽可能避免鱼体损伤。同时每亩每米水深以强氯精200克全池泼洒，或用2%~4%的食盐水浸浴鱼体10~15分钟。在水体消毒的同时，内服抗菌素药物，如土霉素、红霉素、氯霉素、强力霉素、氟哌酸，每公斤鱼体重用药20~50毫克，或磺胺类药物，每公斤鱼体重用药50~100毫克，拌入饲料连喂4~6天。

2.白皮病。症状：发病初期，体表两侧、背鳍、腹鳍等基部出现白点，然后迅速扩展蔓延，形成不规则的椭圆状白斑，严重时体表会全部变白，病灶处黏膜脱落，有时会出血发炎，病鱼常常缓慢浮游于水面，不久死亡。病源为白皮杆菌。该病主要流行期为4~6月，以危害鱼种为主。此病常与烂鳃、烂嘴病并发，危害较大。

防治：与烂鳃、烂嘴病相同。

3.溃疡病。症状：发病初期，鱼体表常出现1个至多个红色小斑点，随病程发展，斑点扩大而呈圆形、椭圆形或不规则的病灶，形似疖疮，充血肿胀，鳞片或鳍条脱落、肌肉腐烂，严重时露出骨骼。每条病鱼出现病灶大小、数量不等，出现病灶的部位在头部、背部、体侧等不定。病源为嗜水气单胞菌。受伤的鱼很容易引发此病，若继以水霉病则会引起大批死亡，严重时死亡率可高达80%。

防治：在捕捞、运输等操作过程中要尽量避免鱼体受伤。鱼下塘时，要用3%~5%食盐水浸浴10~15分钟。投喂氯霉素、强力霉素、氟哌酸、磺胺类药，投喂方法与用量与烂鳃病相同。同时亩每米水深的池塘用强氯精200克，全池泼洒。注意控制水质，及时注换新水。

4.肠炎病。症状：病鱼腹部膨大、肛门红肿，整个腹部至下颌部位呈暗红色，重症病鱼轻压腹部可见淡黄色腹水从肛门流出。剖开腹腔见积有大量腹水，流出的腹水经几分钟后呈“琼脂状”。肠管紫红色，剖开肠管，见肠内充满黏状物；肠内壁上皮细胞坏死脱落，严重的病鱼整个腹腔内壁充血，肝脏坏死。病原为细菌感染引起。该病全年均可发生，夏天较为严重。发病较急，危害较大。

防治：严禁投喂变质腐败的饵料。用土霉素或呋喃唑酮拌入饲料投喂，每公斤鱼体重用100~200毫克，连续投喂4~5天；或每公斤鱼体重用50毫克氟哌酸拌入饲料投喂，效果也较好。（江西 姚毅）

# 冬季常见鱼病的中草药防治

冬季随着水温的下降，很多细菌和寄生虫等都会停止生长和繁殖，池塘养殖的病害发生频率和危害也会相对减少，很多养殖户就会因此而忽视水产养殖病害的防治。但是由于冬季鱼类的大量捕捞、苗种放养和并塘，很容易造成鱼类的损伤和外来病原体的携入，同时经过一年的饲养，池塘环境条件相对较差，很多在低温条件下能生存的病原体和寄生虫，同样会造成鱼病的发生，甚至在短时间内造成鱼类的大量死亡。下面介绍几种冬季常见的鱼病及其防治方法，供养殖户参考。

**一、冬季常见鱼病**

1.赤皮病

症状：体表充血发炎，病灶部位鳞片脱落，鳍末端腐烂，形成“蛀鳍”。

治疗方法：

（1）每亩水面、水深1米，用食盐1.5公斤分装6袋，分散吊挂在鱼池水下约30厘米处，另用菊花、金银花各125克，黄柏、青木香各250克，苦参400克，碾成粉末兑水，全池泼洒，效果良好。

（2）菖蒲、艾叶、雄黄按1：1：0.2的比例配制放于水桶或水缸中，兑水5～10倍，浸泡2～3天后在食场周围每天泼洒1次，每次7.5公斤，连泼3～5天。

2.疖疮病

症状：发病部位不定，靠近背部常见，患部肌肉组织隆起、发炎，形成疖疮。病灶部位充血发红，鳞片松动脱落，用手轻按有血脓流出。

治疗方法：同赤皮病。

3.竖鳞病

症状：早期鱼体发黑，体表粗糙；后期鳞片向外张开并呈竖起状，鳞片基部水肿；鳞囊内有透明液体渗出；并且腹部膨大有腹水，眼球突出并充血。

治疗方法：

（1）在50公斤水中加入捣烂的大蒜头0.25公斤，用来浸泡病鱼。

（2）将0.5公斤苦参放在锅内，加水8公斤，煮20～30分钟，全池泼洒。每亩用药0.75～1公斤，隔天使用，3天1个疗程。

4.小瓜虫病（白点病）

症状：病鱼体表和鳃瓣上布满白色小点，肉眼可见。体表、头部、躯干、鳍条处黏液明显增多，表皮糜烂。鳃上大量寄生小瓜虫时黏液增多。病鱼在水中反应迟钝，游动缓慢，呼吸困难，不久即死亡。

治疗方法：

（1）每亩、水深1米，用干辣椒0.5公斤，生姜1公斤，干辣椒切碎，生姜捣烂，混合煎煮20分钟后兑水，全池泼洒。每天1次，连续泼洒3天。

（2）每亩、水深1米，用大黄1公斤，野菊花干品1公斤，混合煎汁兑水，全池泼洒。每天1次，连续泼洒3天。

5.锚头鱼蚤病

症状：虫体头部钻入鱼皮肤、肌肉内，像短针挂在鱼体上。患部发炎红肿，出现红斑、坏死，易被病菌入侵。病鱼急躁不安，食欲减退，继而逐渐瘦弱。

治疗方法：

（1）每亩、水深1米，用马尾松叶10公斤，苦楝树叶（果）5公斤，切碎熬汁25公斤，全池泼洒。每天1次，连续泼洒3天。

（2）每亩、水深1米，用雷丸、石榴皮各200克，熬汁25公斤，全池泼洒。每天1次，连续泼洒3天。

6.波豆虫病

症状：早期没有明显症状，当疾病严重时，病鱼缓慢独游，食欲减退，呼吸困难，最后导致死亡。必须用高倍显微镜进行检查。

治疗方法：

（1）苦参、刺五加、红花、青蒿各等量，粉碎后加入总量3%樟脑粉，按1%添料投喂。

（2）苦参、苦楝树各等量，煎煮成汁后加1%食盐浸洗患鱼，每日1次。

**二、预防对策**

1.保证越冬池塘环境条件，定期注入新水，进行池塘消毒。

2.放养前，要排干水池，清除过多淤泥，鱼种进行消毒，避免外来病原体带入。

3.拉网放养鱼种时，选择晴朗天气，操作时要小心，避免损伤鱼体。（河北　边慧敏）